U0318964

小秦岭金矿区矿渣型泥石流成因机理及防治对策

杨 敏　徐友宁　著

北 京
冶 金 工 业 出 版 社
2021

内 容 提 要

本书以小秦岭金矿区矿渣型泥石流地质灾害为研究对象，较为系统地研究了泥石流物源的颗粒级配、孔隙率、渗透系数、物源容重、抗剪强度等参数，并通过理论推理估算了物源起动的临界降雨条件，最后根据矿渣型泥石流发生的特点提出了针对性较强的防治措施。

本书可供地质灾害规划与管理部门的相关人员阅读，也可供从事地质灾害研究的科研人员和大专院校有关师生参考。

图书在版编目(CIP)数据

小秦岭金矿区矿渣型泥石流成因机理及防治对策/杨敏，徐友宁著. —北京：冶金工业出版社，2021.2
ISBN 978-7-5024-8724-9

Ⅰ.①小… Ⅱ.①杨… ②徐… Ⅲ.①金矿床—矿渣—泥石流—成因 ②金矿床—矿渣—泥石流—灾害防治 Ⅳ.①P618.51 ②P642.23

中国版本图书馆 CIP 数据核字(2021)第 019000 号

出 版 人 苏长永
地　　址 北京市东城区嵩祝院北巷 39 号 邮编 100009 电话 (010)64027926
网　　址 www.cnmip.com.cn 电子信箱 yjcbs@cnmip.com.cn
责任编辑 高 娜 美术编辑 彭子赫 版式设计 禹 蕊
责任校对 葛新霞 责任印制 禹 蕊
ISBN 978-7-5024-8724-9
冶金工业出版社出版发行；各地新华书店经销；固安华明印业有限公司印刷
2021 年 2 月第 1 版，2021 年 2 月第 1 次印刷
850mm×1168mm 1/32；3.875 印张；102 千字；113 页
25.00 元

冶金工业出版社 投稿电话 (010)64027932 投稿信箱 tougao@cnmip.com.cn
冶金工业出版社营销中心 电话 (010)64044283 传真 (010)64027893
冶金工业出版社天猫旗舰店 yjgycbs.tmall.com

（本书如有印装质量问题，本社营销中心负责退换）

前　言

矿山泥石流起动机理是当今泥石流形成学及泥石流预警的研究热点和学科前沿。矿山泥石流是指在一些生态脆弱、地形陡峭、岩层松散的山区，由于大规模地集中开采矿产资源，为泥石流的形成提供了大量的松散固体物质，加大了地面坡度，使非泥石流沟演化为泥石流沟，泥石流少发区转变为泥石流多发区。开展影响矿山泥石流起动的主要控制因素研究，不仅具有推动与完善泥石流成因研究的理论意义，对于矿山泥石流气象预警的防灾减灾工作，也具有重要的指导意义。

本书积累了矿渣型泥石流起动的一批原创性数据，包括渣堆状态、颗粒级配、渗透系数、物源容重、孔隙率、泥石流体容重、抗剪强度指标等。研究区域矿渣型泥石流物源特点包括：采矿废石渣堆高度在5~15m，个别高达30m；自然安息角在30°~45°之间；无工程保护措施的渣堆占总数的65%；稳定性差、极差的占76%；挤占2/3或堆满沟道的占58.37%；粗颗粒含量大，P_5为78.19%~91.38%；孔隙率为34%~57%且连通性好；渗透性好，为0.094~0.127cm/s。因此，废石渣堆在普通降雨条件下不易起动。通过实验模拟了形成矿渣堆起动形成的临界雨强，得到大西岔沟矿渣型泥石流起动的降雨临界雨强为 67.14~134.29mm/h，即遭遇 50 年或 100 年一遇的特大暴雨时有大约 50%的固体颗粒处于临界起动状态。研究表明，颗粒越细，临界起动的雨强越小，沟谷泄洪“卡口”越严重，泥石流起动所需的雨强越小，较好地解释了研究区矿渣型泥石流“不易”发生的原因，提出了矿渣型泥石流起动模式。通过对物源特征和降雨强度对矿渣型泥石流影响的分析，得出研究区矿渣型泥石流主要为暴雨型水石流，其起动模式主要包括“河谷起动型”和“坡面滑塌—堵塞—溃决型”两种。

作者依托国家自然科学基金项目“矿渣型泥石流起动机理与临界条件研究（40872208）”，就影响矿渣型泥石流起动的物源特征及临界雨量两大主控因素开展了深入调查、分析、测试及研究工作，首次较为系统地完成了废渣物源岩土工程参数测定、临界降雨条件分析，提出了研究区矿渣型泥石流起动模式。

本书共分为 7 章，重点围绕小秦岭金矿区矿渣型泥石流形成的物源和降雨两大条件进行分析研究，提出了研究区矿渣型泥石流的两种起动模式，总结了矿渣型泥石流防治的方法。本书由杨敏主笔完成，徐友宁为本书的编写思路和结构提供了指导。

由于矿山地质构造、岩石组成、废弃物堆放、降雨条件等因素的复杂性，加之时间仓促和作者水平所限，书中难免有不妥之处，敬请广大读者批评指正。

作　者

2020年9月

目　录

1 绪　论

1.1 国内外泥石流研究现状

泥石流是发生在沟谷或坡地上的包含小至黏土大至巨砾的固、液、气三相流体，是介于山崩、滑坡等块体重力及动力运动与流水等液体水力运动之间的运动，呈稀性紊流、黏性层流或塑性蠕流等状态运动，是各种自然营力（地质、地貌、水文、气象等）和人为因素综合作用的结果[1]。

泥石流的地理分布广泛。据不完全统计，泥石流灾害遍及世界70多个国家和地区，主要分布在亚洲、欧洲和南、北美洲。我国的山地面积约占国土总面积的2/3，自然地理和地质条件复杂，加上几千年人类活动的影响，目前是世界上泥石流灾害最严重的国家之一。我国泥石流主要分布在西南、西北及华北地区，在东北西部和南部山区、华北部分山区及华南、台湾、海南岛等地山区也有零星分布。

人类研究泥石流是从其造成的危害开始的，所以学者对泥石流的研究也是从泥石流沟调查、工程防治、运动过程、起动机理、气象预警等几个方面逐步深入。目前，泥石流研究的热点主要集中在泥石流的起动机理、运动过程和堆积形态、气象预警等方面。运动和堆积形态的研究进行得比较多，程度也较深；起动机理方面由于泥石流形成区一般处于泥石流沟谷上游或沟脑，在暴雨天气下非常危险，研究人员很难到达并观察、记录起动的过程，因此这部分研究尚处于人工模拟、理论推导的探讨阶段；气象预警研究也因为泥石流在降雨天气下起动的随机性和不确定性，往往是通过对比研究区历次泥石流灾害发生时降雨的特征来寻找引发泥石流的临界降雨条件。

1.1.1 国外泥石流研究现状

人类与泥石流灾害的斗争由来已久，意大利在 300 多年前就开始了泥石流的防治工作，俄罗斯、日本等国也有 200 年的防治历史。早在 19 世纪，恩格斯就提出："阿尔卑斯山的意大利人，在山南砍光了在北坡被细心地保护的松林，他们没有料到，这样一来他们把他们区域里的高山畜牧业的基础给摧毁了，……而在雨季又使更加凶猛的洪水倾泻到平原上……"[2]，深刻地指出人类不合理的资源开发导致了严重的自然灾害。法国学者肖勒尔于 1841 年发表了关于阿尔卑斯山地泥石流的研究文章，其中注意到滥砍滥伐森林所造成的严重后果；奥地利学者 Г. 科赫先后于 1875 年、1885 年发表了关于蒂罗尔地区、南阿尔卑斯山地区泥石流问题的文章，详细论述了泥石流形成过程中的人为激发因素；苏联学者 П. 杰蒙兹在 1891 年出版了有关山坡造林的专著，阐述了森林植被在抑制泥石流爆发过程中的作用。但真正对泥石流形成和运动机理进行研究，则是近半个世纪的事，当然这与经济快速发展密不可分。人类经济活动愈向山区延伸，泥石流问题就愈加尖锐和突出，急需进行深入研究。1957 年 C. M. 弗莱施曼在专著《泥石流及其散布区的道路建设》中分析了道路工程与泥石流爆发的辩证关系，后来进行了泥石流治理分类[3]。M. A. 维利康诺夫详细分析了大高加索南坡泥石流分布与植被的关系，以及不同植物带人类活动影响的差异[4]。20 世纪初美国开始发展西部地区，随后大规模的城市发展延伸到山前区，结果却遭受到了泥石流的危害。1924 年，美国犹他州小镇 Willard 遭受泥石流袭击，据 Twenhofel（1932）描述：暴雨滂沱，地表植被无法阻止雨水对地面物质的侵蚀，黏稠的土、树木、巨石混合体向山下平原上的 Willard 小镇倾泻，足足将地面淤高 3~4 英尺。1934 年 1 月 1 日，洛杉矶发生大规模泥流灾害，造成30人丧生，损失达数百万美元[5]。

泥石流起动是泥石流发生、发展、成灾全过程中的关键环节，起动规律是泥石流预测预报和灾害防治的理论基础。日本学者 Takahashi 运用颗粒流理论，解释了泥石流在起动过程中颗粒之间相互作用及流态化现象，即在起动时固体颗粒彼此碰撞，空隙增大，水体进入，由此两相体滑移层间有动量交换，使流体中固体颗粒呈分散体系，并且具有弥散应力，使其具有流体状态特征；同时认为不同的松散物质特性、沟床比降、表面水流流速等对起动机理有重要影响[6]。美国地质勘探局 J. A. Coe 认为泥石流起动主要是由于径流对细沟、冲沟中碎屑物质的冲蚀作用形成，分析了起动前后的土壤含水量变化特征，结果显示了泥石流起动时松散物质处于非饱和状态，土壤湿度对于径流作用的沟道泥石流起动没有作用[7]。Tognacca 和 Gregoretti 表示：径流作用下，导致沟道中松散物质起动的主要因素是径流作用在松散物质的力，而不像滑坡那样主要是由于物质内部的原因引起[8,9]。Berti 和 Simoni 研究发现沟道中松散物质的黏粒含量不超过15%，空隙很大，具有很好的导水能力，因此在起动时这些碎屑物质并不能达到饱和状态，起动主要是由于水动力作用引起[10]。

泥石流运动作为一种固液两相流，涉及相关学科很多，本身问题十分复杂，加之野外观测又受到很多客观条件的限制，使得有些研究成果或处在宏观或定性阶段，或局限于地区经验性质，尚需要进一步深化。对于泥石流运动方面的研究，最关键的是对泥石流体内部作用力的研究，以求解不同条件下泥石流的阻力与速度。泥石流作为固液两相流，其内部作用力包括固相与液相的相互作用，以及固相内部不同颗粒的相互作用。固液两相的作用表现为流体中掺入固体颗粒以后，对流体黏性及其运动的影响；反过来，固体颗粒在有高黏性的液体中运动，其流动参数又受到液相的影响。颗粒内部相互作用的复杂性表现为固体颗粒大小的复杂组成及其浓度。迄今为止，支持泥石流中颗粒运动有两种不同的假说：一种假说基于20世纪50年代Bagnold的试验论证，认为颗粒间相互碰撞产生离散力支持固体颗粒运动，忽略流体的黏性作用，以此为基础的有以日本高桥保和新西兰T. R. Davis等为代表的对泥石流运动的研究。另一种假说基于泥石流属于宾汉型非牛顿体的特性，认为流体的黏性及宾汉屈服应力是支持泥石流中固体颗粒运动而不沉的原因，即强调流体特性的作用。该假说以美国A. M. Johnson等为代表，在20世纪50年代，苏联Moctkob也提出过黏性泥石流中剪应力（包括宾汉屈服应力及土体黏性剪应力）的作用。这两种假说分别代表了两类泥石流的极端情况，前者更接近于以粗颗粒组成为主体的水石流运动情况，后者则更接近于以细颗粒组成为主体的泥流运动情况。然而，自然界泥石流组成中颗粒范围极宽，从极细的黏粒到巨石。为反映自然界中的复杂情况，在20世纪70~80年代，很多学者根据各自对颗粒间及固液两相间相互作用程度的理解，提出了不少的泥石流运动力学模型。但是由于考虑的因素过多，模型变得十分复杂，而且由于引入的未知变量较多，致使模型难以应用于实际。

通过建立泥石流运动力学模型求解不同条件下泥石流的流速及阻力等主要参数，虽有较强的理论基础，但往往比较复杂（包括上述非均质两相模型），因此从工程实用角度充分利用野外观测资料建立地区性的经验公式的方法，仍受到泥石流防治规划设计部门的重视。我国观测资料较多，为建立这类经验公式创造了便利条件。至于泥石流的流速问题，国内的研究大多是在水力学曼宁公式的基础上，结合泥石流固体含量及当地观测资料修正公式中的系数或指数。研究表明，如将反映地区特征的参数引入到流速公式中，不难使这类经验公式具有一定的普遍意义，而不是仅停留在难以推广应用的纯经验关系式上。

泥石流运动现象之所以复杂多变，主要在于其内物质组成的复杂性。研究表明，运动中的泥石流固体颗粒组成对泥石流的容重、流速等的影响具有明显的规律性，例如泥石流容重的提高与补给的粗颗粒含量有关，泥石流阻力的变化则受细颗粒含量的显著影响。

1.1.2 国内泥石流研究现状

在中国，随着经济的发展，公路与铁路建设最先是向西南西北山区延伸，所以公路与铁路勘测设计部门是最早开展泥石流的调查研究和野外观测的单位。20 世纪 60 年代铁道部科学院成立西南研究所，一开始便将泥石流的研究和防治列为重要任务，并在峨眉山兴建我国最早的泥石流试验室。采矿部门中较早受泥石流影响的是云南东川矿务局，他们最早在蒋家沟建立泥石流定点观测站。与此同时，中国科学院在西南、西北的有关研究所都将泥石流列为重要的研究课题。后来，对泥石流的研究又集中到成都山地灾害与环境研究所，该所在东川泥石流观测站的基础上，建成蒋家沟泥石流观测研究站，1987 年成为中科院首批对外开放的野外观测站台，现更名为中国科学院东川泥石流观测研究站。几十年来，我国泥石流的研究和防治工作，在泥石流沟评价、起动、运动、监测、预警及防治等各方面的共同努力下取得了显著的成效，并有不少成果与专著问世。例如，康志诚《中国泥石流研究》、唐邦兴《中国泥石流》、崔鹏等《风景区泥石流研究与防治》、李昭淑《陕西省泥石流灾害与防治》，刘希林等《泥石流危险性评价》、王裕宜等《泥石流体结构和流变特性》、王礼先等《山洪及泥石流灾害预报》、罗元华等《泥石流堆积数值模拟及泥石流灾害风险评估方法》、王继康等《泥石流防治工程技术》等[11~19]。

20 世纪 80 年代，我国学者钱宁等提出，泥石流中较细颗粒和水结合形成非牛顿体的结构力可以支持小于某一粒径的细颗粒以中性悬移形式运动，而较粗的颗粒以推移质形式运动，推移质靠颗粒间的相互碰撞或直接接触支持其运动[20]。其后又有很多专家学者，如沈寿长、王光谦、王兆印、王立新、康志成、王裕宜以及本书作者等，在这方面做了大量工作，有的侧重于粗颗粒间作用力的研究，有的侧重于固液两相之间作用，研究成果虽较多，但较零散，而且其中存在的最大问题是划分粗、细颗粒的标准不统一，或者液相与固相的分界粒径未能得到妥善解决，以致迄今尚未提出一个解决各类泥石流的阻力及平均流速的有效方法。

20世纪90年代，崔鹏等人提出将位于沟道中、上段，经过搬运，具有类似泥石流体组成和结构特征的松散堆积物称为准泥石流体。同时，在对建立在实验基础上的泥石流起动条件进行适当变换，得到泥石流起动势函数，并进一步分析发现准泥石流体具有突变、缓变和过度状态等多条途径，并在起动临界点附近具有发散性和模态软化等性质[13]。

1.2 国内外矿山泥石流的研究现状

矿山泥石流是山地地区矿产资源开发过程中废石渣堆放引发形成的人工泥石流。大量研究资料显示，在人类开始大规模改造自然环境以来，泥石流灾害的发生、发展在一定程度上与人类活动有着密切的联系，很早就有人认识到人类活动是影响和诱发泥石流灾害爆发的重要因素。矿产资源开发在促进山区社会经济发展的同时，修筑道路、修建工业场地、露天剥采及井下开采等过程中，排放的废石渣堆积在山坡上及沟谷中，破坏并压占土地植被，造成或加剧水土流失，恶化生态环境，在强降雨、水库溃决、冰雪消融等水动力激发下形成矿山泥石流[21]。大多数情况下，形成矿山泥石流的固体物质来源于采矿过程中排放的废石渣，由于废石渣的特点，矿山泥石流的形成与防治有别于自然泥石流或其他人工泥石流。相对于自然泥石流，目前矿山泥石流的系统研究尚处于初始阶段，且多偏重于矿山泥石流个案研究[22~24]。

1.2.1 国外矿山泥石流研究现状

国外学者将矿山泥石流和其他采矿事故归为一类进行研究，因此专项研究矿山泥石流的文献比较少见。1972 年，加拿大不列颠哥伦比亚省 Spanwood 发生尾矿泥石流，造成 2 人死亡。20 世纪 80 年代，Britannia 铜矿区又发生一系列泥石流灾害，冲毁桥梁、房屋，造成 11 人遇难。灾后使用 1500 万美元用于修筑挡墙、挖深疏通行洪通道[25]。2010 年 3 月 14 日，ONE News 发出警告：泰晤士河流域采矿活动将会造成洪水或泥石流灾害[26,27]。加拿大学者 O Hungr（2002）研究了加拿大不列颠哥伦比亚省采矿废弃物流的形成机理，提出采矿废弃物的失事是细粒物质在水的作用下流变侵蚀导致的[28]。在国外的文献中，矿山废弃物引发的泥石流往往被称为“flowslides”[29]。

1.2.2 国内矿山泥石流研究现状

中国对泥石流的研究从起步时就注意了人为活动对泥石流爆发的影响作用。许多泥石流专家分别从地学、生态学等不同角度进行探索，但大都将人类活动作为一种间接因素。由于人类大规模的开垦荒坡、砍伐植被、超载畜牧，破坏了生态平衡，进而促使泥石流的发生和发展[30]。

近几年来，我国加强了人为泥石流的研究深度，根据人为干扰类型将人为泥石流进行分类。首先，矿产、冶金部门与泥石流研究人员合作进行了主要矿山泥石流形成原因的定性统计分析，对川、滇、赣、闽、粤等地矿山弃土弃渣而产生的泥石流进行研究[24,31~38]。研究成果表明，在矿山开采过程中，露天矿剥离的大量表土、洞采矿排出的废弃围岩碎石、选矿的尾矿砂，如果堆排位置不当，就会改变局部地形和地表物质结构，压缩沟床，增大沟谷纵坡降，甚至平地起山。大量聚集的松散堆积物与自然界各种内外地质营力产生的固体物质在结构、粒度、物理化学性质、风化程度等方面都有较大的差异，并且这些松散物质的堆积速度比自然风化松散体快很多倍，在同等水源条件下，其爆发泥石流的概率、规模、频率都要大得多。

目前，我国矿山泥石流研究主要借鉴自然泥石流的研究方法进行物源起动、运动流态和堆积特征方面的研究，其中物源起动的研究尚处于试验摸索阶段，还没有形成一致的结论。徐友宁（2004~2009）等在小秦岭金矿区进行了系统全面的调查，对当地的泥石流危险度、物源特征、防治对策等方面进行研究，并采用水槽冲刷试验研究小秦岭金矿区矿渣型泥石流物源起动的特征，分别得出沟床坡度、颗粒级配、径流流量等条件对矿渣型泥石流物源起动的影响情况[39]。唐克丽（2001）等在神东矿区进行了起动、预测、危险度评价等一系列研究工作[40]。

总结国内外矿山泥石流的研究成果，根据泥石流形成的3个基本条件，可以得出矿山泥石流的几个共同规律：（1）矿产资源开发对植被的破坏，使得岩石风化加速，导致环境恶化，促使侵蚀加剧；（2）改变了矿区局部地形，使汇流加速，增大了径流量和水流动能；（3）大量采矿弃土弃渣，直接为泥石流提供了源源不断的固体物质来源，这往往导致泥石流发生频率攀升、灾害规模扩大[40]。

1.2.3　矿山泥石流危害及其特点

1.2.3.1　*矿山泥石流危害*

由于历史原因，我国矿山泥石流灾害分布广泛，严重危及矿山正常生产和人员安全。据不完全统计，截至2005底，我国内地矿山共发生泥石流627次，造成人员死亡987人，直接经济损失7.9亿元。其中，特大及大型泥石流地质灾害59次，中型

447次，小型105次。在所有矿山泥石流灾害中，9764处金属矿山发生过203次泥石流灾害，占矿山泥石流灾害总数的33.3%，发生率是20.8‰；26125处煤矿发生了泥石流灾害231次，占矿山泥石流灾害总数的37.9%，发生率为8.8‰；非金属矿山发生泥石流灾害174次，占矿山泥石流灾害总数的28.6%，发生率为2.3%；发生一次死亡30人以上的矿山泥石流灾害共9次。西部山区的大部分矿山存在着不同程度的泥石流危害或威胁。淤埋矿区、毁坏矿井时有发生，导致某些矿产难以开采，造成矿产资源的浪费或破坏。四川的攀枝花铁矿、贵州的六盘水煤矿，云南的东川铜矿和神府-东胜煤田均有大量的泥石流活动，对矿产开采和矿区安全造成严重的危害或威胁。1984年5月27日，东川铜矿因民矿区的黑山沟泥石流，造成矿山停产半个月，死亡121人，直接经济损失1100万元；1989年7月21日，神府煤田一次泥石流，淤平矿井11处、露天矿坑9处，冲毁矿堤1870m，中断矿区铁路行车一个多月，直接经济损失达2000多万元。另据有关调查研究成果显示，西北地区历史上矿山发生泥石流247次，平均每100处矿山发生泥石流2.3次：大型泥石流21次、中型泥石流46次、小型泥石流180次，直接经济损失3.84亿元，死亡426人[41]。矿山泥石流灾害的发生频次和造成的灾害随着矿业开发的发展而呈现出加剧的趋势，如图1.1所示。

矿渣型泥石流已经成为矿产开采开发过程中最突出的环境地质问题之一，由于矿渣型泥石流灾害而造成的人员伤亡、财产损失的报道屡见不鲜（表1.1），同时，矿山泥石流是一门新的分支学科，其研究程度还不高。因此，研究矿渣型泥石流的主要控制因素，对矿山建设、资源的可持续开发、矿区防灾减灾、环境保护等都具有重要的现实意义，同时可促进泥石流学科的深入发展。

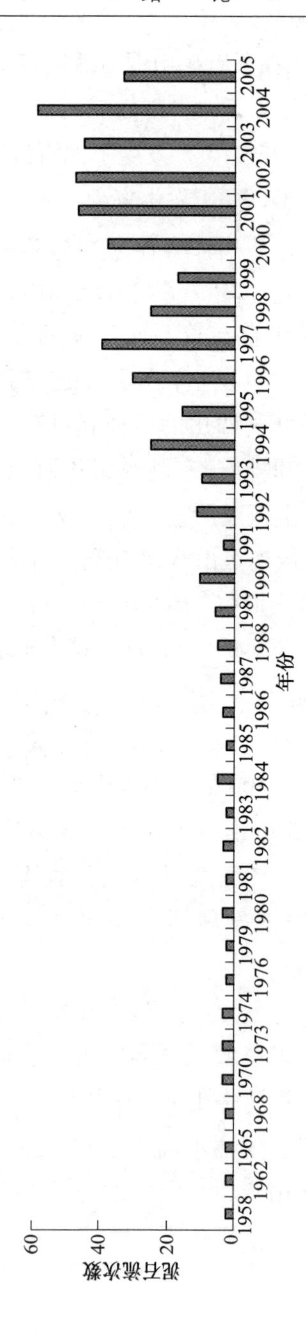

图 1.1　矿山泥石流发生频次随时间的变化[39]

表 1.1　部分废渣型泥石流地质灾害

矿山泥石流灾害	发生时间	造成的人员伤亡及经济损失
甘肃阿干镇煤矿区铁冶沟泥石流	1965 年 7 月 20 日	20 多人死亡，冲毁房屋 280 余间，直接经济损失 97 万元
四川泸沽铁矿盐井沟泥石流	1970 年 5 月 26 日	104 人死亡
宁夏白芨沟煤矿区泥石流	1982 年 8 月 3 日	10 人死亡，181 户居民受灾，经济损失 187 万元
云南东川铜矿因民矿区黑山沟泥石流	1984 年 5 月 27 日	121 人死亡，矿山停产半年，直接经济损失 1100 万元
湖南省柿竹园有色金属矿山泥石流	1985 年 8 月 24 日	49 人死亡，直接经济损失 8417 万元
宁夏石嘴山大风沟煤矿泥石流	1988 年 8 月 13 日	28 人死亡，直接经济损失 300 万元
四川甘洛县铅锌矿泥石流	1990 年 7 月	34 人死亡，18 人受伤
新疆拜城县铁列克煤矿泥石流	1992 年 7 月 1 日	15 人死亡，直接经济损失 1100 万元
小秦岭金矿区陕豫接壤的西峪泥石流	1994 年 7 月 11 日	51 人死亡、上百人失踪，直接经济损失上亿元
陕西潼关金矿区东桐峪泥石流	1996 年 8 月 15 日	冲毁各类房屋 15 间、金矿石 20×10^4t，直接经济损失 340 万元
河南洛阳嵩县金矿祁雨沟泥石流	1996 年 8 月	36 位职工死亡，冲毁房屋 500 间，汽车 16 辆，冲走金精粉 56t，经济损失 1260 万元
甘肃酒泉镜铁山铁矿区黑沟泥石流	1999 年 8 月 4 日	矿山厂区被淹，直接或停产误工等经济损失高达 8000 万元
云南东川铜矿因民黑山沟滑坡泥石流	2002 年 7 月 9 日	29 人死亡，经济损失严重，导致矿山破产
重庆南桐东林煤矿滑坡泥石流	2004 年 6 月 5 日	煤矸石山滑坡形成矸石流造成 11 人失踪死亡

1.2.3.2 矿山泥石流特点

矿山泥石流同样具有多种类型，如坡面泥石流、沟谷型泥石流及河谷型泥石流，水石流、泥石流和泥流等。成灾后同样会造成群死群伤的灾难性后果。但因矿山泥石流的形成、演化过程中主要受控于矿产资源开发人为活动的影响，因此矿山泥石流还具有与一般泥石流不同的特点[39]。

A 人为性

在降雨强度、降雨量、地理条件等泥石流形成的基本条件不变的情况下，矿山泥石流的发生与演化主要受矿产资源开发的人为活动控制。采矿排放的松散土石堆积在陡峻而狭窄、易于集水集物的沟谷中，加大了沟床纵坡降比，在缺乏有效的拦渣、稳渣护挡及排导工程措施的情况下，人为地为泥石流发生提供了丰富的松散物，使原本非泥石流沟或低频泥石流沟演变成泥石流沟或高频泥石流沟，加剧了泥石流的发生、发展和危害。

B 频发性

在地形高差、植被盖度、降雨等条件不变的情况下，泥石流沟的活动性受控于固体物质补给程度。通常情况下，一次自然泥石流发生后，原有物质被搬运出集水区外，沟谷中泥石流物源的形成需要几十年甚至上百年时间，沟谷就很难再形成泥石流[13]。但是在矿山，一次泥石流过后，只要采矿活动不停止，采矿的废石渣又会持续不断地、速聚堆积在沟坡中，为泥石流再发生提供新的物源。另外，采矿废石渣的凝聚力和内摩擦角小，抗冲能力减弱，在采矿爆破、矿震、采空塌陷、地震等影响下，导致激发泥石流形成的降雨量限值降低。因此，山地矿山成为泥石流的易发区和频发地，如西北地区同一矿山发生2次泥石流的有23处，3次的有7处，4次的有4处。宁夏汝箕沟煤矿区先后于1997年8月13日、1998年5月20日、2002年6

月7日发生泥石流，共造成8人死亡，直接经济损失4000万元，2.4km导洪堤被毁、沿沟两侧高压线电杆全部倾倒，4400亩农田受灾[41]。

C 污染性

山区金属矿山采矿排放的废石、贫矿及尾矿渣中，通常含有汞、铅、镉、砷、铜、锌等重金属元素，因此废石渣型泥石流，特别是尾矿砂型泥石流，除具一般泥石流冲毁淤埋等致灾作用外，还会污染河流、农田，造成水源地污染，引发重大社会问题。

D 可控性

由于矿山废石渣、尾矿砂是导致矿山泥石流形成的主要松散物质，其堆积位置、数量是确定的，即矿山泥石流形成的地点是明确的，其危及对象就是此地段下游流通区、堆积区内的矿山设施及人员，因此，矿山泥石流与一般泥石流的区别在于其防治重点为源头预防。选择合理的堆渣场所，修建拦渣稳渣挡墙，建设废渣场地排水排导等工程，控制采空塌陷区山体的稳定性，减少崩塌、滑坡堆积物成为泥石流的物源的可能性。通过控制矿山泥石流的物源，就能达到控制矿山泥石流的发生频率，减少其带来的损失。

1.2.4 矿山泥石流研究的发展方向

矿山泥石流研究属于泥石流学研究的范畴，其形成条件、发生与堆积过程除了具有共性的一面，还有其特殊性一面，因此矿山泥石流研究除了继承传统泥石流的研究内容、方法外，更为重要的是增加了人为地质作用和矿山地质环境保护的内容，将自然因素和人为因素有机结合，将矿产资源开发与地质环境保护有机结合，突出矿山泥石流研究的应用价值。至今，对矿山泥石流研究的关注程度远远不及自然泥石流，研究主要限于定性的成因分析和半定量的模拟试验研究，研究水平较低，深度不够，系统性更欠缺[39]，全方位的系统研究还有待进一步发展。矿山泥石流作为泥石流灾害的特殊分支，其进一步的研究方向主要有以下几点。

1.2.4.1 由定性化研究向定量化研究发展

20世纪90年代，随着我国矿业的大规模开发，许多矿区泥石流灾害不断加剧，尤其在1994年陕西与河南交界的西峪发生大规模泥石流灾害后，矿山泥石流引起了政府和学者的极大关注。西北大学李昭淑教授定性地描述了小秦岭金矿区西峪泥石流发生的原因、形成过程和造成的灾害损失[14]。成都山地灾害与环境研究所刘世建分析了小秦岭金矿区泥石流发育的自然背景、人类矿业活动因素、矿区泥石流的发展趋势，并对灾害危险区进行了描述[42]。

2000年以来，随着对泥石流机理研究的深化，可通过模拟实验定量地研究矿山泥石流起动、运动、堆积的特征。唐克丽等在神府东胜煤矿区利用人工降雨模拟实验和泥石流物源地坡面松散体起动放水冲刷模拟实验定量地研究了降雨和地表径流诱发矿山泥石流起动的过程[40]。本书作者等在小秦岭金矿区进行了水槽冲刷实验，实验结果在一定程度上定量化地反映了底床坡度、降雨入渗、颗粒级配等条件对矿渣型泥石流起动难易程度的影响[39]。

1.2.4.2 研究矿山泥石流起动机理

现阶段对泥石流起动机理的研究，国内外都处于摸索阶段，尚无系统的理论与成熟的方法。对于泥石流的预报大多从降雨条件出发，很少考虑泥石流形成的内在机理。同样，矿业集中开采区泥石流形成的机理也处于研究开拓阶段。人为堆积的采矿固体废弃物与自然界岩石风化的固体物质相比，在结构、粒度、理化性质、风化程度、岩土工程特性等方面都有很大差异。

人类活动导致沟壑畸形发展，沟床纵坡降比、坡面形态变化巨大。因此，矿山泥石流的起动机理和过程并非与自然泥石流完全相同，而是拥有其内在的独特性。

1.2.4.3 多学科、多角度研究矿山泥石流

目前，不少新技术的发展和成熟为矿山泥石流的定量化和多元化研究提供了更为广阔的前景。瑞士学者 Adrian Stolz 和 Christian Huggel 将 GIS 技术应用于泥石流研究，提出 DEM 的数据质量和网格分辨率是影响划分泥石流灾害潜在危险区和灾情评估的重要因素[43]。国内一些学者将分形维数理论应用于泥石流物源结构特征的研究，分别求得残积土、坡积土和泥石流堆积物的分形维数，提出土体是一个复杂的自组织系统，泥石流形成区土体的分形维数与土壤侵蚀特点有着密切的联系[44]。由此可见，新理论、新技术的发展和应用，为矿山泥石流的研究工作开辟了多种道路，为人类从不同侧面认识泥石流提供了有力的支持。

1.3 本书的内容及创新性

综上所述，目前对自然泥石流研究的程度较深入，成果也比较显著，而对矿山泥石流的研究程度很低，缺乏系统性和全面性。在我国广大山地矿区，还存在着大量矿山泥石流隐患，严重威胁着矿山的财产和从业人员的生命安全，一旦发生矿山泥石流，往往造成群死群伤的严重后果。泥石流起动的研究是泥石流形成机理研究的前缘和热点问题，也是进行泥石流防灾减灾的基础。小秦岭金矿区地形陡峭、降雨集中、物源丰富，主要峪道及其支沟均是泥石流隐患沟，已经具备泥石流暴发的条件，是矿山泥石流的典型代表区。随着矿业开发的持续，松散的废石渣量不断增加，泥石流隐患日趋严重[41]。历史上该矿区曾多次发生重、特大泥矿山泥石流灾害，但是 2000 年以来，看似隐患重重的泥石流沟，却未发生过大规模的泥石流地质灾

害，这是为什么？影响或控制小秦岭金矿区矿山泥石流形成的主要因素是什么？针对这些关键问题，本书在前人工作的基础上，选择影响和控制金矿区矿渣型泥石流形成的主要物源作为研究重点，在分析区域矿山泥石流成灾条件的基础上，重点调查、研究废渣堆固体物源的宏观特征、土工程性质参数、起动的洪水条件等，试图揭示研究区矿渣物源的特殊性和短时暴雨对泥石流形成的控制作用，为泥石流防治提供理论基础。

1.3.1 思路及方法

矿渣型泥石流是山地地区矿产资源开发活动中不合理堆排废石弃渣引发或加剧的、严重危及矿山正常生产和人员安全的一种地质灾害类型，因其物源90%以上来源于采矿过程中排放的废石弃渣，物源充分，堆积集中，从而可使非泥石流沟演变为泥石流沟，低频泥石流沟演变为高频泥石流沟[39]。这种灾害的发生、发展与自然泥石流和其他人工泥石流具有显著的差异，主要表现为：废渣块度较大，抗风化能力强，棱角分明，松散且孔隙度大，渣量丰富且持续堆积，地点集中。作为一种特殊的人工泥石流，其研究方法在传统泥石流研究方法的基础上被赋予了新的内涵。本书主要采用以下几种方法：

（1）泥石流形成区域地质环境调查。通过野外路线调查及遥感解译，分析、研究区内地形地质、物源分布、泥石流灾害度、成灾方式和范围。

（2）泥石流成灾调查及物源监测法。实地监测方法主要是测定泥石流的运动特性、力学性质和有关参数，研究泥石流发生、发展、冲淤的动态变化过程。因此，矿渣型泥石流过程的实地监测相应地可分为4个方面，即物源变化的动态监测、地形条件的动态监测、降雨水动力条件的动态观测和堆积过程的动态观测。

（3）土工实验分析法。物源的土工实验是能够比较直观地反映泥石流物源稳定程度的方法。对物源渗透系数、颗粒级配、抗剪强度指标、内部含水性能的测定，为泥石流形成提供定量化参数。

（4）综合研究。结合野外实际调查、试验分析、理论推导，总结研究区矿渣型泥石流起动的模式和起动条件。

1.3.2 主要内容

（1）矿渣型泥石流物源的宏观特征。调查分析影响和控制金矿区矿渣型泥石流形成的主要自然因素和人为因素，开展典型泥石流隐患沟详细勘测，定位获取典型泥石流单沟汇水面积、高差、河流弯曲度、渣堆分布、渣堆数量、堵塞河道情况等数据，分析研究矿渣型泥石流起动的主要类型。

（2）渣堆物理力学参数。主要通过野外实地调查测量渣堆堆积位置特征、废渣物质组成，采集采矿废石样品利用筛析法确定颗粒级配、利用排水法测定渣堆的干容重和饱和容重并计算泥石流体的容重、孔隙度等，同时根据研究区采矿废渣的颗粒级配、渗透性能、母岩岩性对比大量前人对石渣力学实验的参数，确定采矿废渣堆抗剪强度的 C、φ 参考值。

（3）矿渣型泥石流形成模式。在对比本区和其他地区泥石流形成条件的物源、降雨、地形因素的异同，提出本区泥石流形式主要为暴雨型水石流。形成模式有沟道直接起动和斜坡滑塌—堵塞—溃决型两种。

（4）形成矿渣型泥石流的降雨条件。在典型矿渣型泥石流沟——陕西省潼关县东桐峪上游、中游和出山口外建立三个雨量观测站，结合潼关县气象局蒿岔峪、善车峪观测站，实时观测记录当地的降雨信息。同时，根据小流域施工暴雨流量公式、泥沙动力学相关内容推导渣堆在暴雨洪水作用下雨强和起动的函数模型，寻找降雨条件导致采矿废渣堆失稳诱发矿渣型泥石流形成的临界条件。

1.3.3　特点及创新性

泥石流起动的主要控制因素是泥石流以及矿山泥石流研究的热门话题之一，同时也是亟待深入探讨的问题。作者在研究过程中，既注意继承传统泥石流的研究成果，同时又结合研究区矿渣型泥石流物源的特殊性，借鉴水利水电部门粗粒土石渣填料的某些研究成果，来分析研究控制矿渣型泥石流起动的关键因素。本书的主要创新点为：(1) 针对历史上曾经多次发生重、特大矿山泥石流灾害，而近十年来却未见发生的疑问，比较系统地分析了小秦岭金矿区矿渣型泥石流物源的岩土工程性质和研究区物源起动的雨强条件，试图解决研究区泥石流发生和发育的规律；(2) 根据小流域暴雨引发的洪水对矿渣型泥石流起动的影响，采用水力起动模型推算物源在洪水冲击、冲刷下起动的临界雨强；(3) 通过对物源特征和降雨强度对矿渣型泥石流影响的分析，提出研究区主要为暴雨型水石流。其起动模式主要包括“河谷起动型”和“坡面滑塌—堵塞—溃决型”两种。(4) 最后针对本研究区泥石流起动的特点，提出通过减少、规范固体物质排放和灾害性天气预警的预防措施以及稳定物源、疏通河道等控制固体物质起动的治理措施。

2 小秦岭金矿区概况

2.1 金矿开发现状

小秦岭金矿区横跨豫、陕两省，包括河南省灵宝市、陕西省潼关县和洛南县。地理位置处于东经 110°47′30″~110°13′00″，北纬 34°35′00″~34°18′00″，面积约 1500km^2。主要交通干线连霍高速公路、310 国道、陇海铁路、同蒲铁路穿越研究区，区内县乡公路、矿业运输公路纵横相通，交通非常便捷（见图 2.1）。

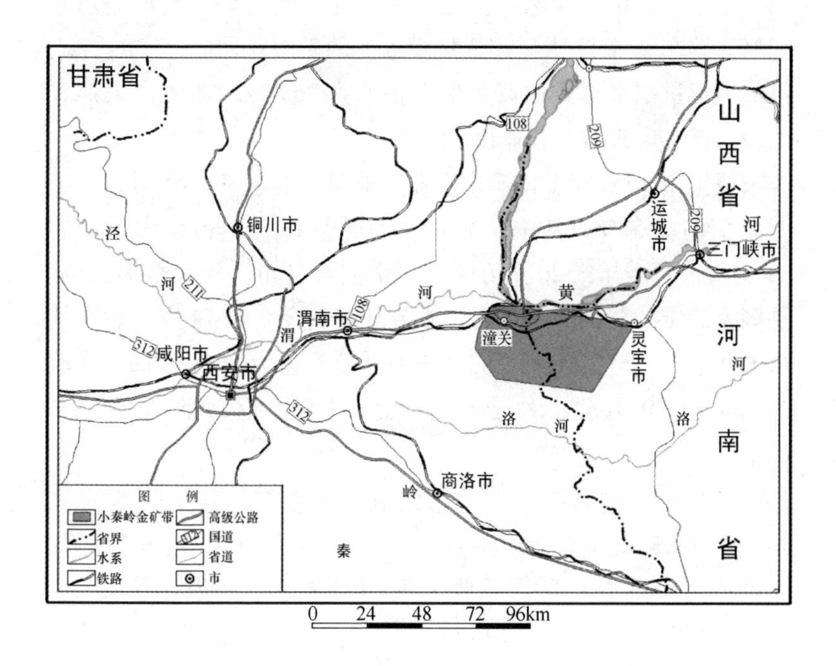

图 2.1 研究区交通位置图

小秦岭金矿区矿产资源非常丰富，现已探明金属矿产金、银、钼、铜、铅锌等和非金属矿产水泥用石灰岩、石墨、硫铁、大理石、花岗岩、水晶等矿产38种，以金、银、钼为主。区内探明金矿储量448吨，有大、中型金矿床17处之多，年产黄金70万两，是我国第二大黄金生产基地。陕西省潼关县、河南省灵宝市被中国黄金协会分别授予“华夏金都”和“中国金城”之殊荣[45~48]。

20世纪60年代初，国家在小秦岭进行了系统的矿产勘查，相继建起了秦岭、文峪等大型中央直属金矿。其中，秦岭金矿1975年正式投产，当年即产黄金219.53kg。40多年来，黄金产业经历了由形成到崛起，由快速发展到持续稳定几个阶段。

小秦岭金矿区西峪、文峪、枣香峪、枪马峪、大湖峪、东桐峪、善车峪等19大峪道成规模以上的矿山开采企业100多家，以巷道掘进硐采形式的黄金生产企业占76%，以露天开采形式的硫铁矿、大理石等企业仅占24%。

灵宝市2005年全市矿山企业工业总产值71804.65万，为工业总值的2.57%，其中金矿企业60305.16万，占矿山企业的83.98%。黄金年产20余万两，居全国县（市）级采金第二位，是国家确定的黄金生产基地。潼关县有黄金企业14家，黄金坑口139个，截至2009年9月底全县黄金产量为5128.22kg，产值为105763.50万元，黄金行业收入占全县财政收入的70%以上[45]。

近年来，矿区黄金产量稳定在25t左右，其中陕西潼关县10t，河南灵宝市15t左右。年生产黄金约60余万两，黄金产业每年上缴利税占总收入的70%左右。矿石品位在5~8g/t，地表发现的平均品位高于3g/t的矿脉基本得到了开发。

2.2　地质环境条件

2.2.1　地形地貌

小秦岭金矿区东西长 64km，南北宽 32km，面积约 $2048km^2$。地形地貌由北向南依次为黄河冲积平原、黄土沟壑残塬、山前冲洪积斜塬、小秦岭中-低山基岩山区以及朱阳断凹盆地 5 个地貌单元[49]，见图 2.2。

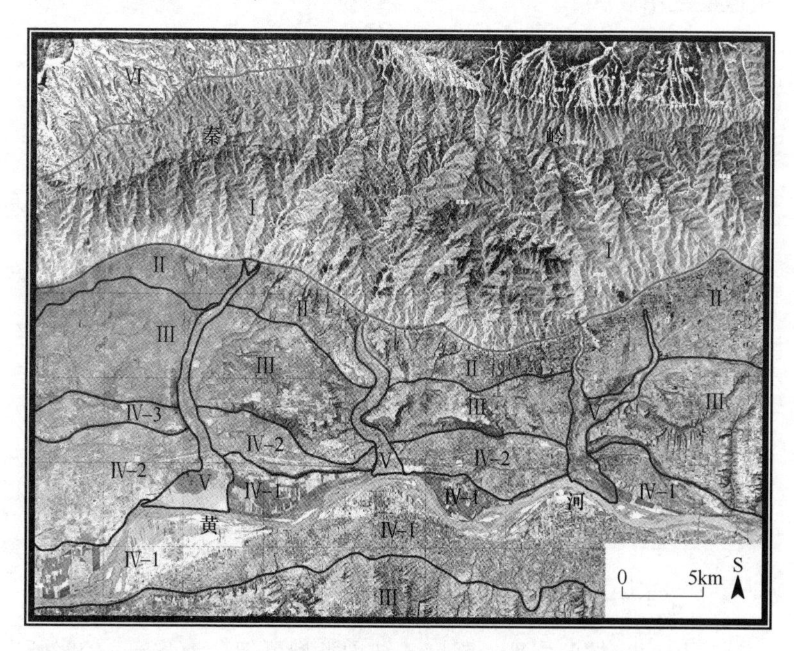

图 2.2　研究区地形地貌 SPOT5 卫星遥感解译图

Ⅰ—小秦岭中-低山基岩山地区；Ⅱ—小秦岭北麓冲洪积斜塬区；Ⅲ—黄土沟壑残塬区；Ⅳ-1—黄河冲积平原区一级阶地；Ⅳ-2—黄河冲积平原区二级阶地；Ⅳ-3—黄河冲积平原区三级阶地；Ⅴ—河谷冲积阶地区；Ⅵ—朱阳断陷盆地区

金矿主采区主要位于小秦岭中-低山基岩山区。山脉主体呈东西向展布，山脉北麓山势陡峭，沟谷切割强烈，南部地形相对较缓。东部海拔为700~2100m，西部为1000~1800m，平均高度1500m。谷坡平均坡度25°~35°，山谷多呈"V"字形。相对高差大，都在400~600m，沟床比降大，平均都在10%~15.2%。地形有利于坡面径流迅速汇集，暴涨猛落，具有强大的侵蚀和搬运能力，每遇夏季暴雨，易形成山洪泥石流。流出山口之后，由于约束突然释放，流速骤然降低，大量泥沙漂粒在山前堆积，形成了冲洪积扇群。冲洪积物犬牙交错，镶嵌在黄土地层之中。

2.2.2　地质构造

小秦岭位于华北地台南缘，北与太要断裂和汾渭盆地相邻，南与松树地-周家山断裂和朱阳断凹盆地相接。地台基底是太古界太华群变质岩系，岩性为角闪斜长片麻岩、黑云母斜长片麻岩、黑云母角闪斜长片麻岩、石英岩、大理岩、斜长角闪片麻岩等。燕山期花岗岩分布也较广泛。太华群变质岩系中，赋存有大量与构造破碎带有关的含金石英脉，多呈透镜状、串珠状、细脉、单脉，个别为密脉或网脉，在构造带中断续分布。

第四纪新构造运动作用下，太华群山前断裂发生间歇性强烈抬升，山麓冲洪积扇群覆盖，渭河断凹盆地的继续下降、河流长期的剥蚀切割，形成了现在高山、深谷的地质构造现象[14]。

2.2.3　岩土工程性质

区内岩土按照岩性、强度、结构类型可划分为坚硬~较坚硬岩体、松散黏性土体和松散无黏性矿渣型碎石土体三类。研究区主要为坚硬~较坚硬岩体。

2.2.3.1　坚硬~较坚硬岩体

坚硬~较坚硬岩体主要分布于研究区南部中-低山基岩山地区，以黑云斜长片麻岩、斜长角闪片麻岩、石英岩和花岗岩为主，岩石坚硬致密，抗风化能力中等到强，岩石多为变晶结构和似斑状结构，构造为片状、片麻状和块状构造。岩石节理发育，结构体为长方体、菱形块及多角形块体。浅山区岩体风化相对较强，裂隙发育。矿区采矿、筑路爆破在一定程度上破坏了岩石的结构构造和山体稳定性，诱发滑坡、崩塌地质灾害，并且为泥石流的形成提供物源。

2.2.3.2 松散黏性土体

松散黏性土体主要分布于太要大断裂以北地区，以第四系风积黄土和山前冲洪积扇、河床漫滩沙砾石、卵砾石层为主。黄土由中更新统离石组老黄土和晚更新统、全新统新黄土组成。老黄土的大孔结构多已退化，仅在其上部有轻微的湿陷性，在富水的情况下极易软化，抗剪强度降低。在沟壑的边部，受降雨及人工建房、修窑、道路等影响，极易发生崩塌、滑坡。冲洪积沙砾石层分选性差，砾石胶结松散，孔隙度大，渗透性好，工程地质稳定性好。但在地表水饱和区域，易发生沙土液化。这些残积物是矿区泥石流中黏性土体颗粒的重要来源之一。

2.2.3.3 无黏性矿渣型碎石土体

矿区排出的采矿废石渣堆主要是无黏性粗粒土，其粒径从90cm到粗中砂不等，颗粒大小悬殊，在自然受力作用下压实固结。通过人工剥离的剖面可以看出，渣堆内部颗粒呈倾斜层状，大颗粒碎石形成骨料，骨料孔隙中充填粗中砂。目前认为，当粗粒含量在60%~70%时，粗、细料形成最佳组合，各部分强度得到充分发挥，抗剪强度较大[50]。通过取样分析，研究区石渣体粗颗粒含量在80%~90%，粗颗粒形成渣堆骨架，细颗粒不能完全充填粗粒孔隙，所以渣堆整体的强度主要取决于粗颗粒的强度，并且渣堆渗透性能好，正常降雨过程地表径流较少，水流基本通过孔隙渗透并排出。

2.3　气象水文

2.3.1　气候条件

小秦岭地区属暖温带季风型大陆性气候，气候温和，四季分明，冬季寒冷少雨雪，春季干旱多风，夏季炎热雨集中，秋季凉爽多晴天。年平均气温 13.8℃，年际变化在±9℃之间。极端最高温 42.7℃，极端最低温-17℃。全年日平均不低于 10℃ 的植物生长活跃期积温为 3500~4700℃，早霜 10 月 28 日，晚霜 3 月 26 日，无霜期 170~215 天。年平均日照时数 2278h，日照率为 51%。年辐射总量为 502kJ/cm^2，属高值区，光合潜力很大[51]。

2.3.2　大气降雨

灵宝市山外地区年均降水量 645.8mm，最大年降水量 984.7mm（1958 年），最小年降水量 318.7mm（1997 年），降水多集中在 7~9 月，占全年降水量的 50.8%，且多为暴雨；最大 24h 降雨量 194.9mm，最大 1h 降雨量 93.2mm，10min 最大降雨量 26.2mm（1960 年 7 月 22 日）[52]。据潼关县气象站资料，山外平原区多年平均降水量 587.4mm，年最小降水量 319.1mm（1997 年），年最大降水量 958.6mm（1966 年）。日最大降雨量 113.4mm（1985 年 7 月 24 日），大于 100mm 日最大降雨量 10 年一遇，大于 50mm 日降雨量 2 年一遇，日最大降雨量出现在 7、8、9 三个月的年份占 76.19%[53]。

2.3.3　水文地质概况

小秦岭金矿区内，褶皱带控制着不同地段的沉积环境、岩层分布和地貌类型，控制着区内地下水的分布、特性、富水性以及地下水的补给、径流、排泄条件和化学成分。区内地下水主要为基岩裂隙水。松散沉积物厚度不大，一般厚5~10m，微透水但不含水。基岩裂隙水富水性差，泉水流量一般小于1.0L/s，最大可达9.55L/s。

沟谷潜水赋存于冲、洪积碎石层中，主要受大气降水、地表水入渗以及裂隙水的补给，沿河谷向下游排泄。埋深一般在3.0~8.0m。沟谷内采矿矿井较多，节理、裂隙发育，是地下水的良好运移通道，地表水和潜水经由洞壁节理渗流到洞内，由矿坑流出形成地表径流汇入主沟。一部分地表水和潜水穿过矿渣堆底部孔隙流出汇入主沟[54]。

2.3.4 水系流域概况

研究区山区峪道均属于黄河支流水系，发源于小秦岭山地并向北汇流入黄河，从东向西主要有大湖峪、枣香峪、文峪、西峪、东桐峪、善车峪、太峪、麻峪、蒿岔峪、潼峪；小秦岭南坡有樊家峪、王家峪、朱家峪、杨砦峪、枪马峪、白花峪、蛤蟆峪、仓朱峪、王西峪等19条主峪道。山区主峪道河流情况见表2.1。

表2.1 山区主峪道河流情况一览表

主峪道	大湖峪	枣香峪	文峪	西峪	东桐峪	善车峪	太峪	麻峪	蒿岔峪
长度/km	14.5	15.8	12.8	11.9	9.4	10.0	9.95	9.15	9.6
落差/m	1403	1505	1780	1680	1483	1291	1095	1114	990
汇水面积/km^2	72.98	70.74	29.69	3.68	4.17	1.34	8.61	5.11	20.17
主峪道	潼峪	王家峪	朱家峪	杨砦峪	枪马峪	白花峪	蛤蟆峪	仓朱峪	王西峪
长度/km	9.85	8.7	7.75	6.55	3.95	3.75	2.70	3.65	3.63
落差/m	1023	1143	1174	934	951	921	820	880	710
汇水面积/km^2	7.32	5.18	2.20	6.52	3.75	3.86	1.32	3.94	5.18

2.4　自然泥石流发育史

小秦岭地区在大规模开采金矿前，山洪泥石流平均 50 年发生一次。由于山体岩性以黑云斜长片麻岩、斜长角闪片麻岩、石英岩和花岗岩为主，岩石坚硬致密，抗风化能力中等到强，因此残坡积和风化块石比较少，残坡积厚度多为 30～50cm。一次泥石流发生后，松散固体物源被带走后，下一次发生泥石流的时间间隔比较长。历史上，潼关金矿区发生过泥石流。在潼关县寺底河河床中可见长 3m、高 2m，厚 1.5m 的漂砾（图 2.3)，这是历史上桐峪、扇车峪沟谷泥石流的间接证据（此处为两条山区峪道河流交汇处)。

图 2.3　潼关县寺底河巨大漂砾——历史泥石流证据之一

3 矿渣型泥石流及其隐患

3.1 矿渣型泥石流地质灾害

20 世纪 80 年代中期以来，由于受“有水快流”思想的影响，小秦岭矿区开始大规模的采矿活动，同时缺乏对矿区采矿秩序的有效监管和治理。大量采矿废石、尾矿砂在山区沟道内随意堆放。根据调查数据，截至 2009 年，累计堆存废渣 1444.41 万吨。采矿不仅使山区岩体受到破坏，增加了不稳定隐患，而且排出的大量废渣、尾矿就近散乱堆放在山坡、沟床内，抬高河床，严重挤占行洪通道，遇到大雨时极易发生泥石流灾害。据前人资料显示[14]：矿业开发前，小秦岭山区自然泥石流大约 50 年一遇。随着矿业的发展，山区的泥石流周期缩短，基本 5 年一遇。2000 年以后，金矿资源近于枯竭，灵宝市成为国务院第二批批复的资源枯竭型城市，潼关县的潼峪、蒿岔峪等峪道金矿开采已经结束。

1994 年 7 月 11 日 19~22 时，陕西、河南交界的大西峪上游突降暴雨，据目击者称，十余秒就可接满一盆水。22 时许，暴雨铲蚀着沟道中的采矿废石和尾矿砂，形成泥石流，约 10 万立方米的泥石流沿沟向下游倾泻，冲毁沿途大量工棚和矿业设施，并淤埋国有文峪金矿选矿厂。7 月 12 日 00 点 30 分，文峪金矿尾矿库坝面局部被冲坏，沟内文峪金矿尾矿坝局部坍塌，矿区被冲出平均宽 4m、深 4m、长 300m 的冲沟，洪水携带尾矿冲入主沟再次形成泥石流。西峪泥石流灾害冲毁矿区公路 9km，涵洞 3km，淤埋文峪金矿矿山设备百余台，致使矿区交通、水电中断，52 人死亡，上百人失踪。矿区全部停产，直接经济损失上亿元。此次泥石流是小秦岭金矿区最为惨重的一次地质灾害[14,23]。

1996 年 8 月 15 日，在连续强降雨的作用下，东桐峪爆发大规模矿渣型泥石流灾害，冲毁各类房屋 15 间、金矿石 20 多万吨，直接经济损失 690 万元[21]。1996 年 8 月，强降雨诱发大西峪、文峪矿渣型泥石流，冲毁矿区公路 13km、通信线路 3km，造成 3 人死亡，直接经济损失 690 万元。1998 年 7 月，文峪再次遭受泥石流袭击，泥石流摧毁公路 16km，桥梁涵洞 10 多处，变压器、空气压缩机等大型矿山机械设备数台，导致供电、通信中断，经济损失 473 万元。2000 年 8 月，文峪、西峪、大湖峪相继发生泥石流灾害，公路被冲毁，矿山停产，经济损失巨大[52]。

3.2　矿渣型泥石流沟隐患沟评价

小秦岭金矿区由于开发历史悠久，管理松懈，导致区内泥石流物源丰富，沟沟都是矿渣型泥石流隐患沟。根据前人在河南省灵宝市、陕西省潼关县进行的矿山地质环境调查成果，研究区内共有泥石流隐患沟及其支沟 74 条，其中主要泥石流沟 19 条，分别为河南省灵宝市的西峪、文峪、枣香峪、大湖峪、王家峪、朱家峪、杨砦峪、枪马峪、蛤蟆峪、仓朱峪，陕西省潼关县境内的潼峪、蒿岔峪、麻峪、太峪、善车峪、东桐峪、西峪，陕西省洛南县境内的大王西峪和寺耳金矿。

通过对野外调查数据的分析，在渣量、堆渣场所、渣堆稳定性、沟谷山体坡度、防护工程措施等实地调查基础上，经过对比筛选沟谷矿渣总渣量、纵坡降比、矿渣堆补给长度与沟长比、沟岸山坡坡度、峪道河流弯曲程度、河流堵塞情况、矿渣堆稳定性、汇水面积 8 个泥石流沟地质环境发育因子，确定各个因子的权重。其中，将渣堆总量和沟谷纵坡降比定为主要因子，其余 7 项为次要因子。以各评价因子 X_i（i 为因子个数，i=1，2，…，9）的测定值（见表 3.1）为基础，制定各因子危险度等级划分标准及相应分值（见表 3.2）。

表 3.1 小秦岭金矿区泥石流沟危险度评价因子分值及危险度等级

主峪道	主要支沟	渣堆渣量	纵坡降比	沟谷坡度	渣堆补给长度与沟长比	河流弯曲度	河道堵塞系数	汇水面积	渣堆稳定性	支沟综合分值	泥石流支沟危险性	泥石流整沟综合分值	泥石流整沟危险性
寺耳金矿	桐峪	0. 30	0. 50	0. 70	0. 30	0. 30	0. 70	0. 30	0. 30	0. 39	低	0. 40	低
	麻子坪	0. 30	0. 50	0. 90	0. 30	0. 30	0. 90	0. 30	0. 50	0. 44	中		
	西岔	0. 30	0. 50	0. 30	0. 30	0. 30	0. 90	0. 30	0. 30	0. 39	低		
	东岔	0. 30	0. 50	0. 30	0. 30	0. 30	0. 30	0. 30	0. 90	0. 38	低		
大王西峪	主峪道	0. 90	0. 50	0. 90	0. 50	0. 90	0. 50	0. 30	0. 90	0. 49	中	0. 57	高
	西岔	0. 90	0. 70	0. 70	0. 90	0. 30	0. 30	0. 30	0. 90	0. 66	高		
仓朱峪	主峪道	0. 90	0. 50	0. 50	0. 90	0. 90	0. 70	0. 50	0. 70	0. 67	高	0. 67	高
	西岔	0. 30	0. 90	0. 30	0. 30	0. 30	0. 70	0. 30	0. 90	0. 66	高		
蛤蟆峪	主峪道	0. 90	0. 70	0. 50	0. 50	0. 30	0. 50	0. 30	0. 30	0. 43	中	0. 43	中
白花峪	主峪道	0. 50	0. 50	0. 50	0. 50	0. 70	0. 50	0. 30	0. 90	0. 60	高	0. 58	高
	清水沟	0. 30	0. 70	0. 90	0. 30	0. 90	0. 50	0. 30	0. 90	0. 57	高		
枪马峪	主峪道	0. 90	0. 50	0. 50	0. 90	0. 70	0. 30	0. 30	0. 90	0. 47	中	0. 54	高
	西岔	0. 30	0. 70	0. 30	0. 50	0. 50	0. 70	0. 30	0. 90	0. 64	高		
	东岔	0. 30	0. 70	0. 30	0. 30	0. 90	0. 90	0. 30	0. 90	0. 51	高		
杨砦峪	主峪道	0. 90	0. 50	0. 50	0. 70	0. 50	0. 30	0. 70	0. 90	0. 48	中	0. 53	高
	和尚凹	0. 30	0. 70	0. 70	0. 50	0. 30	0. 70	0. 30	0. 90	0. 65	高		
	杨本林	0. 30	0. 70	0. 30	0. 50	0. 30	0. 50	0. 30	0. 90	0. 46	中		
朱家峪	东沟	0. 30	0. 70	0. 90	0. 50	0. 30	0. 50	0. 30	0. 90	0. 50	中	0. 50	中
	西沟	0. 90	0. 50	0. 70	0. 90	0. 30	0. 90	0. 30	0. 90	0. 51	高		
王家峪	主峪道	0. 50	0. 50	0. 50	0. 30	0. 70	0. 90	0. 30	0. 70	0. 60	高	0. 54	高
	东岔	0. 50	0. 70	0. 70	0. 70	0. 30	0. 30	0. 30	0. 70	0. 53	高		
	西岔	0. 30	0. 70	0. 30	0. 50	0. 30	0. 30	0. 30	0. 90	0. 50	高		

续表 3.1

主峪道	主要支沟	渣堆渣量	纵坡降比	沟谷坡度	渣堆补给长度与沟长比	河流弯曲度	河道堵塞系数	汇水面积	渣堆稳定性	支沟综合分值	泥石流支沟危险性	泥石流整沟综合分值	泥石流整沟危险性
枣香峪	主峪道	0.90	0.30	0.90	0.30	0.90	0.30	0.90	0.90	0.61	高	0.60	高
	珠岔	0.90	0.70	0.90	0.50	0.30	0.50	0.30	0.90	0.65	高		
	寺范沟	0.90	0.50	0.50	0.90	0.70	0.70	0.70	0.90	0.69	高		
	鸥将沟	0.90	0.50	0.70	0.50	0.30	0.50	0.50	0.90	0.61	高		
	西长安岔	0.70	0.70	0.90	0.70	0.30	0.50	0.30	0.90	0.62	高		
	东长安岔	0.50	0.70	0.50	0.70	0.30	0.70	0.30	0.90	0.56	高		
	金洞岔	0.30	0.50	0.70	0.50	0.30	0.30	0.50	0.90	0.44	中		
大湖峪	主峪道	0.30	0.50	0.90	0.30	0.50	0.30	0.90	0.70	0.47	中	0.60	高
	东峪主峪道	0.50	0.50	0.50	0.50	0.50	0.30	0.90	0.50	0.50	中		
	东峪黑峪子沟	0.70	0.70	0.30	0.50	0.90	0.30	0.30	0.90	0.58	高		
	东峪东沟	0.30	0.70	0.90	0.50	0.30	0.30	0.30	0.90	0.48	中		
	东峪麻子沟	0.30	0.90	0.90	0.30	0.30	0.30	0.30	0.90	0.52	高		
	西峪主峪道	0.90	0.30	0.70	0.70	0.90	0.50	0.90	0.30	0.61	高		
	西峪小桐沟	0.90	0.70	0.90	0.70	0.30	0.70	0.30	0.90	0.68	高		
	西峪庙南沟	0.50	0.90	0.90	0.90	0.30	0.70	0.30	0.90	0.65	高		
	西峪西槽桐沟	0.90	0.90	0.90	0.90	0.30	0.90	0.30	0.70	0.75	极高		
	西峪东槽桐沟	0.90	0.90	0.90	0.90	0.30	0.90	0.30	0.90	0.77	极高		
	西峪太阳沟	0.30	0.70	0.70	0.50	0.90	0.50	0.30	0.90	0.52	高		
文峪	西峪主峪道	0.70	0.70	0.90	0.70	0.30	0.50	0.90	0.90	0.68	高	0.58	高
	西峪西闯沟	0.70	0.70	0.50	0.50	0.30	0.30	0.30	0.90	0.56	高		
	西峪西路匠沟	0.30	0.90	0.90	0.70	0.30	0.50	0.30	0.90	0.57	高		
	东峪	0.30	0.50	0.50	0.30	0.50	0.70	0.90	0.90	0.50	中		

续表 3.1

主峪道	主要支沟	渣堆渣量	纵坡降比	沟谷坡度	渣堆补给长度与沟长比	河流弯曲度	河道堵塞系数	汇水面积	渣堆稳定性	支沟综合分值	泥石流支沟危险性	泥石流整沟综合分值	泥石流整沟危险性
西峪	蛇沟	0.3	0.1	0.7	0.9	0.3	0.9	0.3	0.9	0.592	高	0.536	中
	东闯	0.5	0.5	0.9	0.9	0.3	0.9	0.3	0.9	0.580	高		
	烟民沟	0.3	0.7	0.7	0.7	0.3	0.5	0.3	0.7	0.504	高		
	地里木沟	0.1	0.5	0.7	0.5	0.3	0.9	0.3	0.7	0.468	中		
东桐峪	大西岔	0.5	0.7	0.7	0.9	0.5	0.9	0.3	0.9	0.654	高	0.696	高
	南沟	0.9	0.9	0.7	0.9	0.3	0.9	0.3	0.7	0.754	极高		
	北沟	0.9	0.9	0.7	0.7	0.3	0.9	0.3	0.9	0.738	极高		
	碾头岔	0.5	0.9	0.7	0.7	0.3	0.9	0.3	0.7	0.636	高		
善车峪	鳖盖子沟	0.3	0.5	0.5	0.5	0.3	0.9	0.3	0.7	0.456	中	0.488	中
	干沟	0.3	0.7	0.5	0.5	0.3	0.9	0.3	0.9	0.520	中		
太峪	东沟	0.3	0.5	0.9	0.3	0.9	0.5	0.5	0.5	0.472	中	0.472	中
	西沟	0.3	0.5	0.5	0.3	0.3	0.9	0.5	0.9	0.472	中		
麻峪	东岔	0.3	0.3	0.5	0.5	0.9	0.9	0.5	0.7	0.447	中	0.459	低
	西岔	0.3	0.3	0.3	0.7	0.3	0.7	0.9	0.9	0.470	中		
蒿岔峪	东岔	0.3	0.5	0.7	0.3	0.7	0.5	0.9	0.7	0.502	高	0.541	中
	西岔	0.7	0.3	0.3	0.7	0.7	0.7	0.9	0.7	0.580	高		
潼峪	北岔	0.3	0.5	0.3	0.5	0.3	0.7	0.5	0.9	0.460	中	0.500	中
	黑峪	0.3	0.5	0.9	0.9	0.7	0.9	0.3	0.7	0.540	高		

表 3.2 泥石流沟评价因子权值及危险度等级划分

泥石流发育因子	权值 w_i	危险度等级划分标准 X_i（分值 x_i）			
		极高危险度（0.9）	高危险度（0.7）	中危险度（0.5）	低危险度（0.3）
矿渣总渣量，X_1/万立方米	0.25	>23	23~16	16~10	<10
沟谷纵坡降比，X_2	0.25	>41	41~29	29~18	<18
补给长/沟长，X_3	0.09	>0.6	0.6~0.4	0.4~0.2	<0.2
沟谷坡度，X_4/(°)	0.06	>46	46~42	42~39	<39
河流弯曲度，X_5	0.06	>1.18	1.18~1.15	1.15~1.11	<1.11
河流堵塞，X_6	0.08	>0.7	0.7~0.5	0.5~0.3	<0.3
渣堆稳定性，X_7	0.07	>0.7	0.7~0.5	0.5~0.3	<0.3
汇水面积，X_8/万平方米	0.10	>77	77~50	50~33	<33
发生过泥石流否，X_9	0.04	发生过			未发生过
综合评定等级标准		>0.70	0.70~0.50	0.50~0.40	<0.40

采用线性评价模型：

$$Q_j = \sum_{i=1}^{n} w_i x_i \tag{3.1}$$

式中，Q_j为综合评价指数；w_i为评价因子权值；x_i为评价因子分值。对矿渣型泥石流沟危险度的综合评价，首先要选定评价因子X_i及其分值x_i，然后确定各因子的权值w_i，计算其加权求和值即得综合评价指数Q_j，由综合评价指数Q_j即可判定各支沟泥石流危险度等级[55,56]。

由评价数据可以看出，除了陕西省潼关县麻峪、洛南县寺耳金矿为泥石流低危险区外，其余 17 条采矿沟道均为泥石流高易发区域。由于泥石流沟内分布有大量采矿设备、矿工居住的工棚（图 3.1），因此一旦发生矿山泥石流，将会造成严重危害。

图 3.1 矿山泥石流隐患沟及其危害对象（下为大西岔沟）

4 矿渣型泥石流形成条件分析

在地形起伏较为强烈的山区，矿业活动排出了大量的固体松散物质，改变了局部的地形，在具备地形及降雨条件的情况下，为泥石流发生提供了更为丰富的松散物源，加速了泥石流的发生与发展。矿渣型泥石流的形成条件与一般泥石流一样，须具备高陡的地形地貌、强降雨或其他水动力激发条件及丰富的松散固体物源三个基本条件。

4.1 地形地貌

泥石流是一种在山区或者其他沟谷深壑、地形险峻的地区发生的地质灾害类型，山区巨大的地形变化给泥石流的发生提供了足够的重力势能条件。狭窄的山区沟谷约束了动能释放的方向，让动能在一个方向聚集，向沟谷出口汹涌冲击。我国除油气、砖瓦黏土以外，绝大多数金属矿产、非金属矿产产于山地地区，因而山地矿区泥石流主要是在具备地形高差的条件下因不适当的矿产资源开发造成环境破坏，再遇到暴雨天气引发的。

对于矿渣型泥石流来说，地形条件（动力条件）较一般自然泥石流有所加强，主要表现在：（1）开采矿山排出的废石加大了沟床坡度，使山坡变陡，地面高差增大，从而加强了侵蚀能力；（2）大量矿渣废石的堆放，造成沟床压缩，增大流深和流速，也就增强了流体的动力和冲刷力；（3）由于堆放矿渣造成沟道堵塞，水土不断积聚，增大了位能。另外，由于其物源本身就是松散堆积体，已经是或接近典型的准泥石流体，所以对于这种矿渣型泥石流来说，准泥石流的形成过程一般比较短，主要考虑其起动的动力条件。

小秦岭主体山脉呈东西走向，发育19条南北向“V”型主峪道，北部10条主峪道长9.15～15.8km，纵坡降比11.25%～69.05%，沟坡坡度37°～60.35°；南部9条主峪道长2.7～8.7km，纵坡降比18.54%～48.48%，沟坡坡度31°～63°。从分水岭到出山口最大相对高差达1900m[56]，为泥石流形成提供了重力势能条件。

4.2　气象水文

形成泥石流必须要有流量充足的水源，对于泥石流来说，水体的来源最为普遍的是大气降雨，其次为冰雪融水以及水库、堰塞湖溃坝等形成的水源。一方面，水体是泥石流体的组成部分，泥石流为固液两相流体，液相物质就是水；另一方面汇流过程中水体又是泥石流运动的动力条件，只有当雨水、冰雪融水等水源形成强大的洪流，才能挟带大量的土石运动并融合为泥石流。水在泥石流暴发中有三大作用：（1）降雨径流造成坡面侵蚀，使固体物质汇集到泥石流沟内，造成固体物质的富集，水流侵蚀切割泥石流沟道两侧的岩体或土体失稳，从而促成了崩塌或滑坡等，水还可以侵入到岩体或土体，使它们与下伏岩层之间的摩擦系数减小，使岩体或土体滑坡；（2）水分使固体物质饱和，孔隙水压力升高，导致土体塑性流变甚至液化；（3）水是泥石流暴发的主要动力来源。

对于矿渣型泥石流来说，其暴发的频率主要取决于人类活动程度，人类活动的影响主要体现在以下几方面：（1）矿山建设中表土剥离、排渣场压占沟道、植被严重破坏，从而降低了对洪水的调节能力，使雨水汇流速度明显加快，增加了洪水总量和洪峰流量，使泥石流暴发的可能性增大。（2）矿山开采排出的废石渣堆堵塞沟道、抬高河床，洪水排泄不畅。如遇特大暴雨，形成“堰塞湖”，并发生溃决，将造成极大的破坏。例如，泸沽铁矿将2万余立方米废石弃置于汉罗沟内，形成两座堆石坎。在随后的一场暴雨中，聚水成湖，湖水猛增，坝体突然溃决，形成稀性泥石流。（3）洞采矿山需要掘进坑道，有时会打通地下水通道，造成地下水突然涌出，从而增大了水体补给量。

研究区年均降水量645.8mm，最大年降水量984.7mm（1958年），降水多集中在6~9三个月，且多为暴雨形式出现。24h最大降雨量194.9mm，最大1h降雨量93.2mm，10min最大降雨量26.2mm（1960年7月22日）。因此，小秦岭金矿区具备激发泥石流形成的短时段高强度的暴雨条件[53]。

4.3 物源条件

矿渣型泥石流虽然形成、运动、堆积过程具有与自然泥石流相同的特征，但其仍有自身的特点，两者最大的差异在于构成泥石流的固相物质的来源不同。矿山泥石流物源主要来自矿产资源开发过程中排放的废石弃渣。该物源是人为堆积的，具有聚集速度快、堆积集中，数年甚至数十年持续不断地堆积，其规模取决于矿产资源开发活动的强度及规模。自然泥石流的物源取决于自然过程，物源形成的速度缓慢，补给相对分散（除山崩、滑坡、地震提供的物源外），规模取决于面蚀和沟蚀的强度。

矿区不合理地堆放废石渣于沟脑、坡面和沟谷河道两侧，挤占沟床，堵塞河道，造成行洪受阻，加大了沟床的纵坡降比，为泥石流形成提供了丰富的松散物质，加剧了矿山泥石流的发生、发展与危害，导致矿业开发前非泥石流沟或低频泥石流沟变成了泥石流沟或演变为高频泥石流沟；或矿山开发前所在的沟谷本身就是泥石流沟，矿业开发加剧了泥石流灾害的发生。

小秦岭金矿区泥石流物源的90%来自开矿后堆放的废石矿渣，矿渣本身就是一种松散或弱胶结的堆积物，与自然土体的岩土力学特性差异很大，不受岩性及构造活动等因素控制。实践表明，在矿山开采过程中，剥离的大量土石渣，如堆置不当，将改变地形条件和地表物质构成，压缩沟床，加大坡降比，甚至平地起山。这些松散物的聚集，较之自然状态下各种内外营力所形成的固体物质，在结构、粒度、物理化学性质、风化程度等方面都有很大差异。这种矿渣性物源一般粗细混杂，并以粗粒为主，由于废石矿渣大多为新近堆积，还没有经过水流等冲刷磨蚀，砾石多棱角，结构松散，多孔隙具有松散性、内聚力小、摩阻力小、相互联结弱等特点，在降雨时，雨水易于下渗，湿化软化，力学性能降低，发生失稳滑塌。另一方面，矿山开采过程中所产生的废石矿渣积聚速度非常快，是固体物质的天然积聚速度所无法比拟的。据有关专家进行的观测表明，每年只要在每平方千米的岩石山坡上生成1200m^3以上的岩石破碎物，10年的积聚量就足以形成泥石流[40]。而矿山建设每年能在每平方千米上堆积数十万、数百万立方米的松散固体物质。固体物质快速累积，不仅数量多、分布集中，而且堆积坡度陡，从而形成了最有利于泥石流发生的固体物质补给源地。由此可见，矿区物源丰富（图4.1），更易于形成泥石流。

据调查，潼关金矿区采矿废渣随意裸露堆放于沟坡、沟脑、河道边，80%以上的废渣堆没有筑构防护工程设施，废渣堆稳定性极差，为泥石流的发生提供了丰富的松散物源[56]。在灵宝市内，采矿废石集中堆排的文峪、枣乡峪、大湖峪三条峪道，废渣堆积量约18.70km^2，占灵宝地区矿山废石总面积26.29km^2的71%（见表4.1），丰富的废石渣为泥石流的发生提供了充足的固体物源条件。

图 4.1　矿渣型泥石流物源

表 4.1　金矿开发区废石堆分布情况

位　置	废石堆数量/处	各区面积/km^2	废石堆压占面积/km^2	废石堆压占面积比/%
文峪	287	78.89	3.00	3.80
枣乡峪-大湖峪	868	389.49	15.07	3.87
小胡峪-车仓峪	94	250.44	1.00	0.40
小秦岭南麓地带	231	280.07	7.22	2.58
合计	1480	998.89	26.29	10.65

5 矿渣型泥石流起动的主要控制因素及模式

小秦岭金矿区地形陡峭、降雨集中、物源丰富，已经具备泥石流形成的条件，调查评价表明主要峪道及其支沟均是泥石流隐患沟。随着矿业开发的持续，松散的废石渣量不断增加，泥石流隐患日趋严重[41]。但是2000年以来，矿区未发生大规模的泥石流地质灾害。看似非常危险的泥石流沟，却没有发生泥石流灾害，其原因是激发泥石流形成的水动力条件不够，还是采矿废石物源的特殊性？影响或控制小秦岭金矿区矿山泥石流形成的主要因素是什么？本章从泥石流物源及水动力两个主要条件进行分析。

5.1 矿渣堆对泥石流起动的作用

5.1.1 矿山废渣堆数量及稳定性

5.1.1.1 废渣堆数量及分布

2004~2009年，作者采用2.5m分辨率的Spot5卫星遥感数据进行了废渣堆解译及野外路线调查、核查，结果表明，小秦岭金矿开采区废石渣堆数量达到2881处（图5.1），压占土地林地面积2469.66万平方米，废渣量达14441.41万吨。30年来的金矿开发，导致仅小秦岭金矿区潼关县南部山区就有采矿口2500多处，从沟口到沟脑，从山脚到山顶，从山坡到沟道，采矿废石、选矿尾矿渣随意堆放，“楼上楼”的采矿活动，导致众多支沟形成重重叠叠的矿渣带。

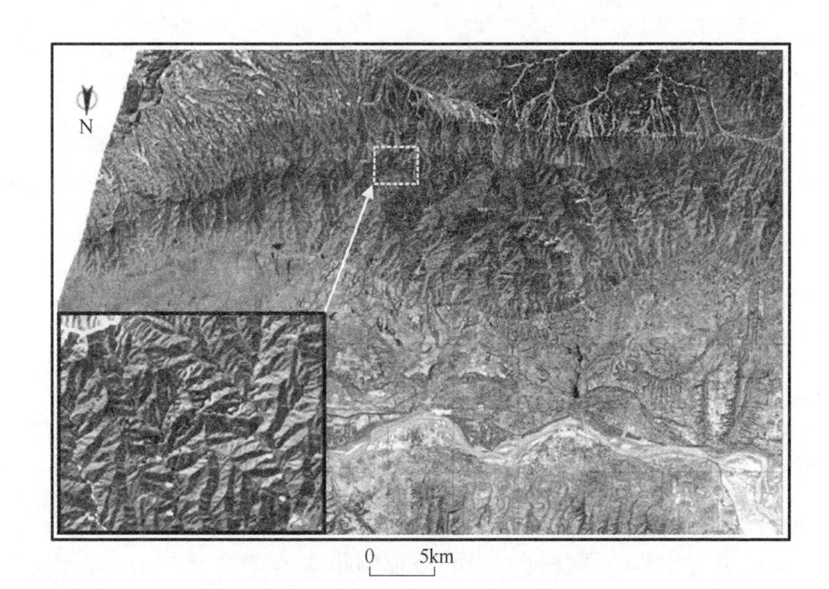

图 5.1　研究区采矿废石渣堆分布图

5.1.1.2　废石渣堆的稳定性

矿区内坡面和沟道内堆放的废石渣堆高度一般在 5～15m，个别高达 30m。渣堆边坡坡角 30°～45°，大多处于失稳的临界状态。不稳定的渣堆在暴雨、矿震、重力等作用下，有向下滑塌的危险。经过对 19 条峪道 62 条支沟的 740 个堆积场所的渣堆稳定性、护挡措施的调查与统计发现，无栏栅渣坝、护挡墙、导水工程措施的渣堆 478 处，占总数的 65%；稳定性差、极差的渣堆 563 处，占到总数的 76%。河道“卡口”“瓶颈”随处可见。主要峪道沟床因多年洪水作用，河床淤积垫高达 1～3m。实际调查的 740 处渣堆中挤占 1/3 沟道的渣堆有 120 处，挤占 1/2 沟道的渣堆 98 处，挤占 2/3 或堆满沟道的渣堆有 432 处。小秦岭金矿区采矿废渣堆点多、面广，渣量丰富，易在暴雨、洪水作用下，发生滑塌或直接进入河道成为泥石流的物源。

5.1.2 矿渣堆宏观特征

5.1.2.1 矿渣堆的堆积位置及形态

矿渣堆在沟道中堆放的形态根据堆放位置的不同而不同，见图5.2。主沟中沿沟道两侧堆放的渣堆坡面靠近河床，容易遭受洪水冲刷侵蚀；山腰沟坡上倾倒堆放的渣堆常常呈扇状向下坡方向铺开，这种堆渣方式一般比较稳定，但在持续堆渣过程中，上覆渣石对下部的压力增大，渣坡超过临界休止角，容易

图5.2 沟道中渣堆堆放位置

发生垮塌；沟谷上游堆渣常常拦沟堆砌成平台状，这种渣堆在干燥少雨的时候相对较稳定，但是在特大暴雨形成洪流的冲击下，可能导致洪水排泄不畅甚至溃决，造成严重的泥石流灾害。野外调查表明，小秦岭金矿区废渣堆底床坡度在13°~24°之间，其中支沟的底床坡度较陡；没有修筑挡渣墙等防护措施的渣堆478处，占调查废渣堆总数的65%。

5.1.2.2　废渣堆中颗粒及分布特点

小秦岭金矿区主要开采石英脉型金矿，采矿排放的废石成分主要是含金石英脉的围岩（黑云母斜长片麻岩、斜长角闪片麻岩等）及含金品位极低的石英岩，其岩石抗压、抗风化能力强。废石块直径大小悬殊、棱角明显、混杂堆积。通过仔细观察渣堆剖面发现，不同时期排出的岩性、颗粒存在差异，渣堆粗细颗粒呈倾斜层状分布，层间颗粒大小不同，有的层大颗粒居多，孔隙大，有的则细颗粒偏多，相对密实；渣堆斜坡外层为粗大砾石，细粒物质顺着粗颗粒孔隙进入渣堆内部（图5.3）。

图 5.3 废渣堆内部粗细颗粒混杂分布

5.1.3 废渣堆岩土工程参数

5.1.3.1 松散矿渣堆的颗粒级配

A 颗粒级配对泥石流起动的影响

颗粒级配又称粒度级配，是由不同粒度组成的散状物料中各级粒度所占的数量，常以占总量的百分数来表示。颗粒级配是影响土体结构、工程性质的重要因素。不同的颗粒级配会影响整个土体的渗透、容重、抗剪强度、压实性能等各个方面。对于泥石流起动，土体结构是其决定性因素之一，而土体的颗粒级配是土体结构的重要参数[57]。

小秦岭金矿区数以千计的采矿废渣堆主要是洞采金矿排出的围岩碎石和支沟沟脑少量选矿的尾矿砂，其颗粒大小悬殊，最大粒径可达 90cm，最小粒径小于 0.075mm。随着颗粒大小的不同，固体物源具有很不相同的性质。例如，粗颗粒的废石渣，具有很大的透水性，完全没有黏性和可塑性；而中、细砂含量 90%以上的尾矿砂则透水性较差，有一定的黏性和可塑性。因此，分析测试矿渣型泥石流物源的颗粒级配是研究矿渣型泥石流起动机理的关键参数之一。

B　颗粒级配筛分

2010 年 4 月潼关县东桐峪大西岔支沟选择了 5 处代表性的废石渣堆，采用 20cm、15cm、10cm、5cm、2cm、1cm、5mm、2mm、0.83mm、0.45mm、0.3mm、0.2mm、0.1mm、0.075mm 的不同孔径的筛子进行筛析，其中大于 1cm 的废渣颗粒在野外直接进行筛分，大于 20cm 的采用手选筛分，小于 1cm 的颗粒在室内进行筛分（见图 5.4）。为了说明采矿废渣颗粒级配的独特

图 5.4　野外及实验室废渣堆颗粒级配筛分

性，在同沟谷内采集1处尾矿砂、1处残坡积土进行颗粒级配筛分对比工作。筛分结果（表5.1～表5.8，图5.5）表明，采矿废渣堆中大于5mm粒径的粗颗粒分别占物源总质量的78.2%、91.37%、78.92%、90.02%、83.86%、84.48%以上，属于无黏性粗粒土[44]；而尾矿砂和残坡积土级配较窄，为中砂至粉土。

表5.1 采矿废渣堆 N_1 颗粒级配筛分结果

孔径/mm	留筛土质量/kg	留筛质量分数/%	累计留筛土质量/kg	小于该孔径土质量/kg	小于该孔径土质量分数/%
60	7.05	19.51	7.05	29.08	80.78
40	2.25	6.23	9.30	26.83	74.53
20	6.65	18.41	15.95	20.18	56.05
10	6.05	16.75	22.00	14.13	39.25
5	6.25	17.30	28.25	8.95	24.86
2	3.65	10.10	31.90	4.23	11.75
0.83	1.2	3.32	33.10	3.03	8.41
0.45	1.01	2.78	34.11	2.02	5.62
0.2	1.36	3.77	35.47	0.66	1.83
0.1	0.51	1.40	35.98	0.15	0.43
0.075	0.07	0.19	36.04	0.09	0.24

表5.2 采矿废渣堆 N_2 颗粒级配筛分结果

孔径/mm	留筛土质量/kg	留筛质量分数/%	累计留筛土质量/kg	小于该孔径土质量/kg	小于该孔径土质量分数/%
60	20.25	59.21	20.25	13.95	40.79
40	4.65	13.60	24.90	9.30	27.19

续表 5.2

孔径/mm	留筛土质量/kg	留筛质量分数/%	累计留筛土质量/kg	小于该孔径土质量/kg	小于该孔径土质量分数/%
20	2.85	8.33	27.75	6.45	18.85
10	1.85	5.41	29.60	4.60	13.44
5	1.65	4.82	31.25	2.95	8.62
2	1.25	3.66	32.5	1.70	4.96
0.83	0.65	1.90	33.15	1.05	3.06
0.45	0.51	1.50	33.66	0.53	1.56
0.2	0.34	1.00	34.01	0.19	0.56
0.1	0.12	0.36	34.13	0.07	0.20
0.075	0.03	0.07	34.15	0.04	0.13

表 5.3　采矿废渣堆 N_3 颗粒级配筛分结果

孔径/mm	留筛土质量/kg	留筛质量分数/%	累计留筛土质量/kg	小于该孔径土质量/kg	小于该孔径土质量分数/%
450	0	0	0	597.35	100
400	23.50	3.93	23.50	573.85	96.07
300	22.00	3.68	45.50	551.85	92.38
200	20.50	3.43	66.00	531.35	88.95
150	24.50	4.10	90.50	506.85	84.85
100	59.00	9.88	149.50	447.85	74.97
50	96.50	16.15	246.00	351.35	58.82
20	124.50	20.84	370.50	226.85	37.98

续表 5.3

孔径 /mm	留筛土 质量/kg	留筛质量 分数/%	累计留筛土 质量/kg	小于该孔径土 质量/kg	小于该孔径土 质量分数/%
10	53.00	8.87	423.50	173.85	29.10
5	48.00	8.04	471.50	125.85	21.07
2	58.60	9.81	530.10	67.25	11.26
0.83	9.40	1.57	539.50	57.85	9.69
0.45	21.20	3.55	560.70	36.65	6.14
0.3	15.20	2.54	575.90	21.45	3.59
0.2	12.80	2.14	588.70	8.65	1.45
0.1	8.30	1.39	597.00	0.35	0.06
0.075	0.29	0.05	597.29	0.07	0.01

表 5.4　采矿废渣堆 N_4 颗粒级配筛分结果

孔径 /mm	留筛土 质量/kg	留筛质量 分数/%	累计留筛土 质量/kg	小于该孔径土 质量/kg	小于该孔径土 质量分数/%
470	0	0	0	782.56	100
400	97.00	12.40	97.00	685.56	87.60
300	144.50	18.46	241.50	541.06	69.14
200	97.00	12.40	338.50	444.06	56.74
150	23.50	3.00	362.00	420.56	53.74
100	40.50	5.18	402.50	380.06	48.57
50	89.00	11.37	491.50	291.06	37.19
20	116.00	14.82	607.50	175.06	22.37

续表 5.4

孔径 /mm	留筛土质量/kg	留筛质量分数/%	累计留筛土质量/kg	小于该孔径土质量/kg	小于该孔径土质量分数/%
10	61.00	7.79	668.50	114.06	14.58
5	36.00	4.60	704.50	78.06	9.98
2	37.50	4.79	742.00	40.56	5.18
0.83	5.80	0.74	747.80	34.76	4.44
0.45	14.00	1.79	761.80	20.76	2.65
0.3	12.20	1.56	774.00	8.56	1.09
0.2	6.40	0.82	780.40	2.16	0.28
0.1	2.10	0.27	782.50	0.06	0.01
0.075	0.02	0.00	782.52	0.05	0.01

表 5.5　采矿废渣堆 N_4 颗粒级配筛分结果

孔径 /mm	留筛土质量/kg	留筛质量分数/%	累计留筛土质量/kg	小于该孔径土质量/kg	小于该孔径土质量分数/%
350	0	0	0	576.02	100
300	58.50	10.16	58.50	517.52	89.84
200	23.50	4.08	82.00	494.02	85.76
150	81.00	14.06	163.00	413.02	71.70
100	63.00	10.94	226.00	350.02	60.76
50	89.00	15.45	315.00	261.02	45.31
20	93.00	16.15	408.00	168.02	29.17
10	37.00	6.42	445.00	131.02	22.75

续表 5.5

孔径/mm	留筛土质量/kg	留筛质量分数/%	累计留筛土质量/kg	小于该孔径土质量/kg	小于该孔径土质量分数/%
5	38.00	6.60	483.00	93.02	16.15
2	52.00	9.03	535.00	41.02	7.12
0.83	5.50	0.95	540.50	35.52	6.17
0.45	14.30	2.48	554.80	21.22	3.68
0.3	10.80	1.87	565.60	10.42	1.81
0.2	6.30	1.09	571.90	4.12	0.71
0.1	3.80	0.66	575.70	0.32	0.05
0.075	0.21	0.04	575.91	0.11	0.02

表 5.6 尾矿砂 N_6 颗粒级配筛分结果

孔径/mm	留筛土质量/g	留筛质量分数/%	累计留筛土质量/g	小于该孔径土质量/g	小于该孔径土质量分数/%
0.83	0	0	0	1675.20	100
0.45	26.82	1.60	26.82	1648.38	98.40
0.3	184.00	10.98	210.82	1464.38	87.42
0.2	322.50	19.25	533.32	1141.88	68.16
0.1	825.98	49.31	1359.30	315.90	18.86
0.075	164.10	9.80	1523.40	151.80	9.06

表 5.7　残坡积土 N_7 颗粒级配筛分结果

孔径 /mm	留筛土质量/g	留筛质量分数/%	累计留筛土质量/g	小于该孔径土质量/g	小于该孔径土质量分数/%
0.83	0	0	0	996.1373	100
0.45	376.90	37.84	376.90	619.24	62.16
0.3	110.11	11.05	487.01	509.13	51.11
0.2	73.33	7.36	560.33	435.81	43.75
0.1	232.10	23.30	792.43	203.71	20.45
0.075	59.01	5.92	851.44	144.70	14.53

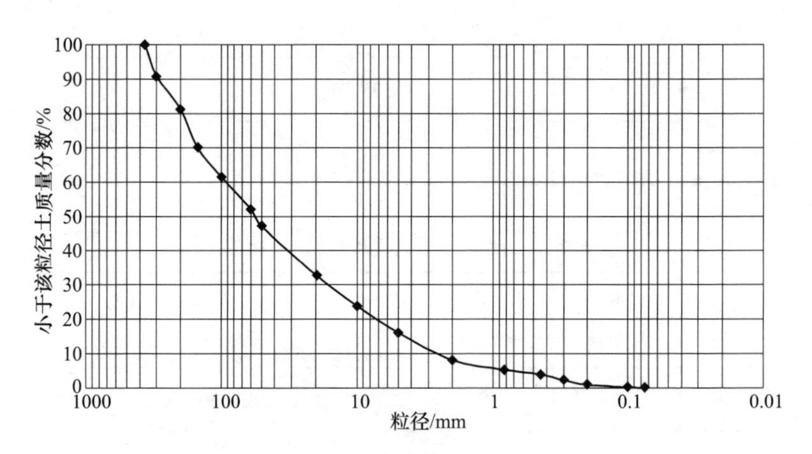

图 5.5　5 处采矿废渣堆平均颗粒级配曲线图

表 5.8　研究区不同物源颗粒筛分结果

粒径/mm	小于某粒径颗粒的平均百分比/%		
	石渣堆（5 处平均）	尾矿砂（1 处）	残破积土（1 处）
470	100		
400	94.06		

续表 5.8

粒径/mm	小于某粒径颗粒的平均百分比/%		
	石渣堆（5 处平均）	尾矿砂（1 处）	残破积土（1 处）
300	82.91		
200	75.93		
150	69.54		
100	61.49		
50	46.54		
20	29.55		
10	21.68		
5	15.24		
2	7.67		
0.83	6.55	100	100
0.45	4.02	98.40	62.16
0.2	0.78	68.16	43.75
0.1	0.05	18.86	20.45
0.075	0.02	9.06	14.53

C 废渣颗粒级配与其他地区泥石流物源对比

结合云南蒋家沟[58]、美国科罗拉多山区、欧洲阿尔卑斯山区[7,10]等地的自然泥石流物源颗粒级配，将采矿废渣、尾矿砂、残坡积土的平均粒径 d_{50}、不均匀系数 $C_u\left(\dfrac{d_{60}}{d_{10}}\right)$ 和曲率系数 $C_c\left(\dfrac{d_{30}^2}{d_{60}\times d_{10}}\right)$ 进行比较，结果见图 5.6 和表 5.9。

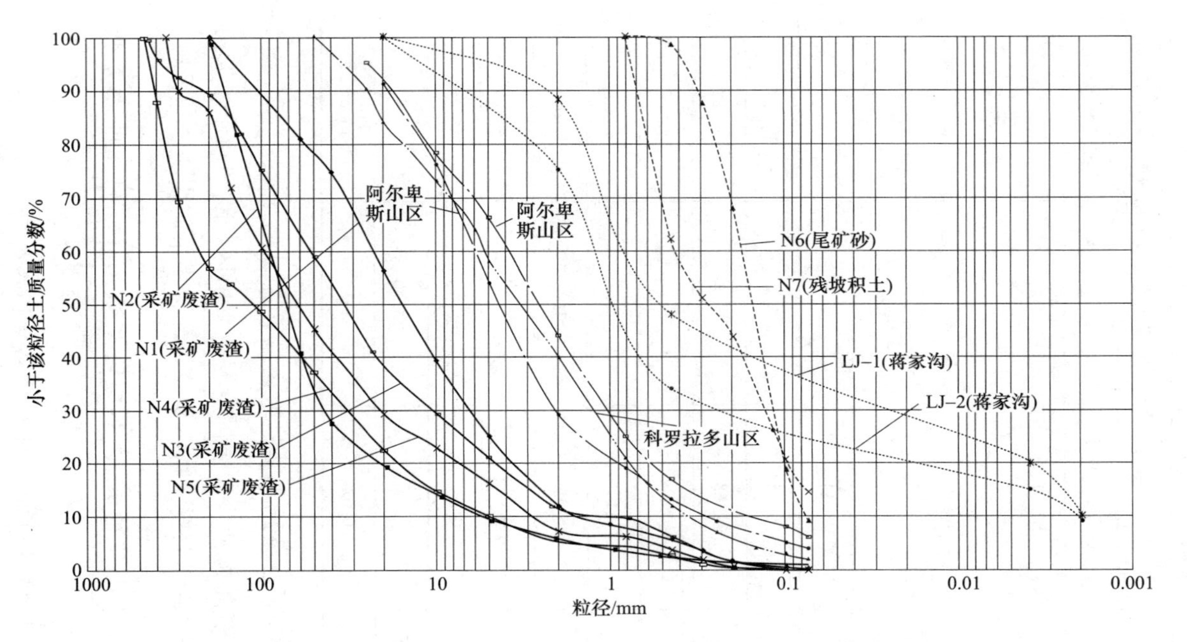

图 5.6 小秦岭金矿区泥石流物源颗粒级配与其他自然泥石流物源颗粒级配对比曲线

表 5.9 矿山泥石流物源级配与蒋家沟自然泥石流对比

样品编号	颗粒成分/%													特征值		
	砾粒/mm						砂粒/mm			粉粒/mm			黏粒/mm			
	>60	60~40	40~20	20~10	10~5	5~2	2~0.5	0.5~0.25	0.25~0.075	0.075~0.05	0.05~0.01	0.01~0.005	<0.005	d_{50}	C_u	C_c
采矿废渣 N_1	19.5	6.23	18.41	16.75	17.30	10.10	2.78	3.77	0.19	0.24				17	14.12	1.07
采矿废渣 N_2	59.21	13.60	8.33	5.41	4.82	3.66	1.5	1	0.07	0.16				74	13.85	3.46
采矿废渣 N_3	41.18	20.84		8.88	8.03	9.81	5.12	4.69	1.39	0.01				35	31.76	1.31
采矿废渣 N_4	62.81	14.82		7.79	4.60	4.80	2.53	2.37	0.27	0.01				120	48	0.91
采矿废渣 N_5	54.69	16.14		6.42	6.60	2.97	3.44	2.97	0.69	0.02				60	34.48	1.52
尾矿砂 N_6	—	—	—	—	—	—	1.6	30.23	59.11	9.06				0.16	2.31	1.11
残坡积土 N_7	—	—	—	—	—	—	37.84	18.41	29.22	14.53				0.29	7.17	0.76
蒋家沟 L_{J-1}	—	—	—	35.26			49.64				7.57		7.17	0.75	65.2	0.94
蒋家沟 L_{J-2}	—	—	—	25.62			48.44				14.76		11.18	0.33	173	1.98
蒋家沟 L_{J-3}	—	—	—	35.03			31.65				19.16		14.16	0.40	600	0.45
蒋家沟 L_{J-4}	—	—	—	11.98			40.02				28		20	0.06	68.2	0.82

从工程观点看，颗粒级配不均匀（$C_u \geqslant 5$）、级配曲线连续（$C_c = 1 \sim 3$）的土体被称为级配良好的土体[59]。从实验结果来看，小秦岭采矿废石渣堆颗粒级配不均匀系数均大于5，属于颗粒不均匀土体；N_2和N_4曲率系数不在1~3之间，级配不连续，而N_1、N_3、N_5的曲率系数在1~3之间，级配连续。小秦岭金矿区采矿废渣物源的粗颗粒含量比自然泥石流物源的粗颗粒含量大很多，粒径大于5mm的粗粒组占到总质量的78.2%~91.37%。根据粗粒土分类原则[50]（表5.10），研究区采矿废石渣堆属于砾石土，而蒋家沟泥石流物源中大于5mm粒径的粗粒组则占总质量的24%，属于砾质土。可见，研究区泥石流物源在颗粒组成上与自然泥石流有着明显的区别。

表5.10　粗粒土分类

分类名称		粗料（d>5mm）含量P_5/%	d<0.1颗粒含量/%
类	亚类		
砾质土	黏性砾质土	$P_5 \leqslant 30$	>20
	砂性砾质土	$P_5 \leqslant 30$	10~20
	砾质砂	$P_5 \leqslant 30$	<10
沙砾石	黏性沙砾石	$30 < P_5 \leqslant 70$	>20
	含泥沙砾石	$30 < P_5 \leqslant 70$	10~20
	沙砾石	$30 < P_5 \leqslant 70$	<10
砾（碎）石	砾石	$P_5 > 70$	—

5.1.3.2　泥石流容重和孔隙度

本书采用排水法测量研究区物源的干容重、饱和容重以及孔隙度，见图5.7。即采用体积恒定的圆柱形容器，将试样分层压实填装入桶内，直至和容器口平齐，称出此时质量m_1。然后向容器内缓缓加入水，到水面和容器口平齐为止，称出此时质量 m_2。最后计算出加入水的质量，得出试样孔隙体积，从而计算出物源的干容重和饱和容重以及孔隙度，见表 5.11。

图 5.7 野外废石渣容重、孔隙度测定

表 5.11 研究区不同物源干、湿容重和孔隙度计算结果

试验编号	物源干重 /kg	总体积 /cm^3	固体颗粒体积 V_s/cm^3	水质量 /kg	孔隙体积 V_a/cm^3	孔隙度 /%	干容重 /$t \cdot m^{-3}$	饱和容重 /$t \cdot m^{-3}$
N_1	35.5	17167.95	11667.95	5.5	5500	32.04	2.08	2.39
N_2	34.5	17167.95	11167.95	6	6000	34.95	2.01	2.36

续表 5.11

试验编号	物源干重 /kg	总体积 /cm^3	固体颗粒体积 V_s/cm^3	水质量 /kg	孔隙体积 V_a/cm^3	孔隙度 /%	干容重 /t · m^{-3}	饱和容重 /t · m^{-3}
N_3	31.8	17167.95	9267.95	7.9	7900	46.02	1.85	2.31
N_4	32.7	17167.95	9967.95	7.2	7200	41.94	1.90	2.32
N_5	29.1	17167.95	7367.95	9.8	9800	57.08	1.70	2.27
N_6	14.3	7439.45	6039.45	1.4	1400	18.82	1.92	2.11
N_7	2076	1842.94	1092.94	0.75	750	40.69	1.13	1.53

根据余斌[60]提出的粒径小于 0.05mm 的细粒物质百分含量（小数表示）和粒径大于 2mm 的粗粒物质百分含量（小数表示）推算泥石流体容重的方法进行泥石流容重的推算：

$$\gamma_D = P_{05}^{0.35} P_2 \gamma_V + \gamma_0 \tag{5.1}$$

式中，γ_D为泥石流容重，g/cm^3；P_{05}为粒径小于 0.05mm 的细颗粒的百分含量（小数表示）；P_2为粒径大于 2mm 的粗颗粒的百分含量（小数表示）；γ_V为黏性泥石流的最小容重，2.00g/cm^3；γ_0为泥石流的最小容重，1.50g/cm^3。

对于采矿废渣，细粒物质含量极少，因此粒径小于 0.075mm 的细粒含量和粒径小于 0.05mm 的细粒含量的数字差别很小，因此本书采用 P_{07} 代替 P_{05} 进行推算。推算结果见表 5.12。

表 5.12 废石渣流体容重

编号（下角码）	P_{07}	P_2	γ_D/t · m^{-3}
N_1	0.0019	0.9159	1.70
N_2	0.0007	0.9694	1.65
N_3	0.0001	0.8874	1.57

续表 5.12

编号（下角码）	P_{07}	P_2	γ_D/t · m^{-3}
N_4	0.0001	0.9482	1.58
N_5	0.0002	0.9288	1.59

根据费详俊[1]提出的泥石流分类规则（表 5.13），推算的小秦岭金矿区矿渣型泥石流物源容重在 1.57～1.70t/m³，d>2mm 颗粒含量为 88.3%～95.03%，平均为 91.95%。显然，小秦岭金矿区矿渣型泥石流属于水石流类型。

表 5.13 费详俊提出的泥石流分类规则

分类名称	泥流	狭义泥石流			水石流
		强黏性	亚黏性	稀性	
容重/t · m^{-3}	1.46～1.80	2.00～2.40	1.85～2.00	1.46～1.85	1.46～1.90
d>2mm 颗粒含量/%	<2		2～80		>80

5.1.3.3 物源含水率特征

水利水电部门的研究成果表明，无黏性粗颗粒渣石堆在一定应力条件下浸水湿化，其颗粒首先发生软化，棱角破碎，强度降低，然后相互滑移、填充，从而导致体积缩小，这种现象被称为湿化变形[61]。

在野外对废石渣堆物源含水率进行调查与样品采集，主要通过在深度 1m 左右的垂向剖面上每隔 20cm 采集废渣含水率样品，在实验室进行烘干然后测试不同深度含水率的变化，如图 5.8 和图 5.9 所示。通过表 5.14 和图 5.10 可以看出，采矿废渣堆的平均含水率为 6.35%～14.75%，尾矿渣的含水率高达

17.95%。采矿废渣的含水率随取样深度的增加而减小，而尾矿砂颗粒细小，含水量大，并且随深度的增加含水量急剧增长。这是因为采样时间在3月20日，山上积雪正在消融，导致采矿废渣表面含水偏高；而尾矿排出时含大量水分，表面尾矿砂经过一段时间的风干使得含水量降低，但是深部水分排出缓慢，含水量高。

图5.8　废石渣堆中含水率样品采集

图5.9　废石渣含水率样品室内烘干

表 5.14 研究区泥石流物源含水率测试数据

土样类型	盒重/g	样号	深度/cm	盒+湿土重/g	12h 盒+干土重/g	含水率/%
采矿废渣	15.46	N_{1-1}	0	89.43	83.20	9.19
	14.89	N_{1-2}	20	91.18	87.11	5.64
	16.04	N_{1-3}	40	89.99	86.30	5.25
	15.77	N_{1-4}	60	88.91	83.95	7.28
	15.05	N_{1-5}	80	100.29	96.71	4.39
	15.26	N_{2-1}	0	73.08	61.68	24.56
	14.98	N_{2-2}	20	92.63	82.14	15.62
	16.19	N_{2-3}	40	90.50	81.09	14.49
	15.46	N_{2-4}	60	100.36	93.02	9.46
	15.86	N_{2-5}	80	79.80	72.78	12.34
	15.34	N_{2-6}	100	86.22	78.59	12.05
尾矿砂	15.66	N_{3-1}	0	74.51	68.03	12.38
	15.42	N_{3-2}	20	68.91	64.27	9.51
	15.56	N_{3-3}	40	67.18	61.50	12.38
	16.48	N_{3-4}	60	69.91	62.51	16.05
	15.33	N_{3-5}	80	133.31	104.54	32.25
	15.40	N_{3-6}	100	93.19	77.57	25.12
残坡积土	16.23	N_4	20	75.55	66.39	18.27

5.1.3.4 研究区物源的渗透性

土体的渗透试验是研究泥石流起动过程和机理的重要手段。

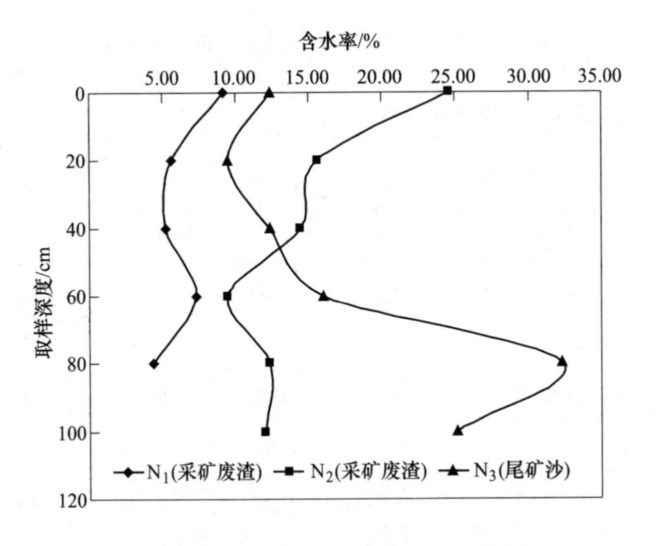

图 5.10　不同物源含水率随深度变化曲线

这方面，陈宁生曾采用径流产流试验对泥石流物源区弱固结砾石土的渗透特性进行了研究，经测定得到泥石流形成区的稳定下渗率是 0.13mm/min（0.217×10^{-1} cm/s）[62]。渗流是水流流过土体颗粒间孔隙的一种现象[63]。早在 1852～1855 年，法国著名科学家达西（Darcy）对非黏性、颗粒组成均匀但偏粗的砂进行了大量的试验研究，发现水在土中的渗透速度与试样两端面间的水位差成正比，而与渗透路径长度成反比。于是，他把渗透速度表示为：

$$v = k\frac{h}{L} = ki \tag{5.2}$$

或渗流量为：

$$q = vA = kiA \tag{5.3}$$

式中　v——渗流速度；

k——渗透系数；

h——试样两端的水位差；

L——渗透路径长度；

i——水力坡降，$i=h/L$；

q——渗流量；

A——试样截面积。

这就是著名的达西渗透定律。

小秦岭金矿区采矿废石渣主要为粗砾土。粗砾土是粗粒土石混合料（包括一般所称的砾石土、沙砾土、石渣、堆石等）的总称，它具有颗粒相差悬殊，组成分散，不均匀性高，孔隙度平均高达42.2%，远高于尾矿砂的18.82%（表5.12）等特点。所以，研究中常用某一粒径作为区分粒径，将粗粒土分为粗、细两部分。关于区分粒径，采用多数学者公认的5mm的固定粒径，即将$d>5$mm颗粒称为粗料，含量用P_5表示，将$d<5$mm的颗粒称为细料[50]。采矿废石渣中粗料形成骨架，细料充填孔隙，填充得越密实，废石渣的孔隙越小。孔隙的大小，直接关系到废石渣的渗透特性和渗透稳定性。

本书采用渗透仪进行试验测定，见图5.11，试样直径为9.5cm。根据《土工试验规程》，试样颗粒粒径不得超过仪器口径的1/10，因此试样颗粒最大粒径不超过1cm[64]。对于超径料的处理采用“等量替代法”[50]，即将粗粒土中超径料等重量地用允许最大粒径d_{max}至5mm的粗料部分各粒级按含量加权平均代替，代替后各粒级的颗粒含量按式（5.4）和式（5.5）计算。

$$P_{5i} = \frac{P_5}{P_5 - P_0} P_{05i} \tag{5.4}$$

$$P_5 = \sum_1^n P_{5i} = \sum_1^n P_{05i} + P_0 \tag{5.5}$$

式中　P_5——粗料含量，%；

P_{5i}——处理后$d>5$mm某一粒级含量，%；

P_{05i}——处理前与P_{5i}对应的粒级含量,%;

P_0——超径料含量,%。

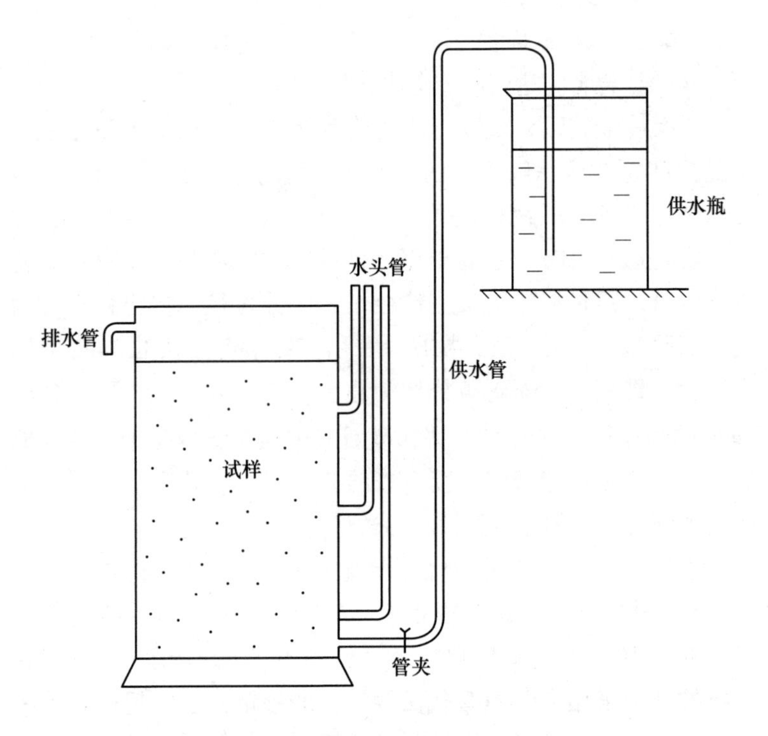

图 5.11　实验室常水头渗透仪

郭庆国等提出：当土体中粗料（砾石）含量低于30%时，粗料在土体中被细料所包裹，加上砾石本身又不透水，从而减小了渗透面积，并延长了部分渗透路径，所以渗透系数不但不增大，甚至有所减少（图 5.12a）。但当粗料含量增加到30%~40%以后，由于粗料颗粒开始有局部接触，渗透系数开始增大；当粗料含量增加并超过70%以后，渗透系数显著增大，说明粗料已经完全形成了骨架，细料填不满孔隙[50]（图 5.12b）。

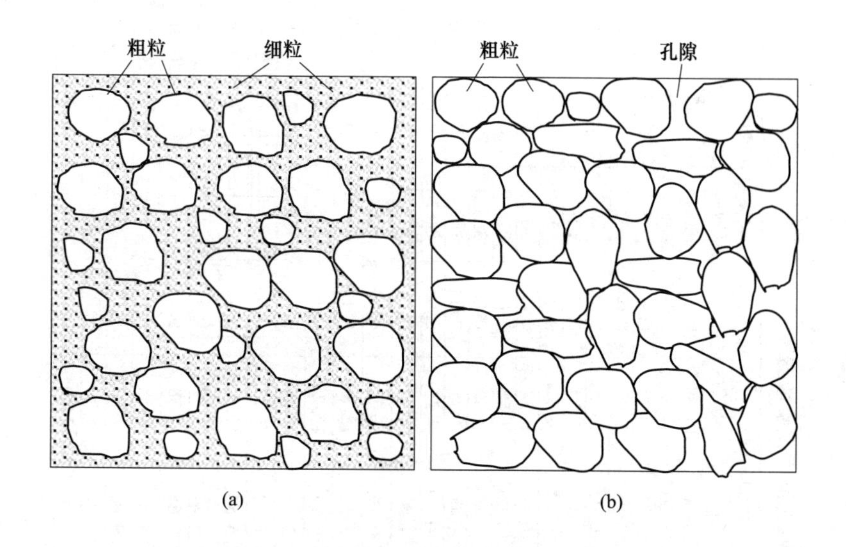

图 5.12 不同粗粒含量的渗透特性示意图

通过渗透试验可以看出，N_1、N_2、N_3、N_4（采矿废渣）渗透系数比较大，为 $0.94\times10^{-1}\sim1.27\times10^{-1}$cm/s，显著大于陈宁生试验所得蒋家沟自然泥石流物源渗透系数 0.217×10^{-1}cm/s[62]。而 N_6、N_7（残坡积土和尾矿砂）渗透系数较小，为 $0.0061\times10^{-1}\sim0.0127\times10^{-1}$cm/s（见表 5.15）。这是因为小秦岭金矿区采矿废石渣粗料含量为 78.2%～91.37%，细粒物质不能完全充填粗颗粒孔隙，造成孔隙率很高，连通性很好，水流渗透速度很快。而尾矿砂和残破积土因为颗粒均匀细小，孔隙率比采矿废渣小，且连通性差，因而渗透系数比较小。

需要说明的是，因实验设备装置的原因，实验采用的废石渣颗粒要比实际物源细得多，因此实际废渣堆的渗透性系数更大。

表 5.15　研究区泥石流物源渗透试验数据表

土体类型	经过时间 t/s	测压管水位/mm			水位差/mm			水力坡降 J	渗透水量 Q/mL	试样截面积/cm^2	渗透系数 k_T/cm·s^{-1}
		Ⅰ管	Ⅱ管	Ⅲ管	H_1	H_2	平均 H				
采矿废石渣	907	288.25	277.50	258.5	10.75	19.00	14.88	0.15	1207.5	70.73	1.27×10^{-1}
	583	286.50	276.50	258.00	10.00	18.50	14.25	0.14	695.0	70.73	1.18×10^{-1}
	884	285.50	275.75	258.00	9.75	17.75	13.75	0.14	948.1	70.73	1.10×10^{-1}
	1099	272.00	266.75	256.50	5.25	10.25	7.75	0.08	600.0	70.73	1.00×10^{-1}
	235	272.00	266.50	256.50	5.50	10.00	7.75	0.08	125.0	70.73	0.97×10^{-1}
	385	271.50	266.00	256.50	5.50	9.50	7.50	0.08	197.0	70.73	0.96×10^{-1}
	390	273.00	266.00	256.00	7.00	10.00	8.50	0.09	280.0	70.73	1.19×10^{-1}
	435	272.75	266.00	256.00	6.75	10.00	8.38	0.08	305.0	70.73	1.18×10^{-1}
	491	272.75	265.75	255.75	7.00	10.00	8.50	0.09	278.0	70.73	0.94×10^{-1}
	502	272.50	265.25	255.50	7.25	9.75	8.50	0.09	308.0	70.73	1.02×10^{-1}
	265	273.00	265.50	255.50	7.50	10.00	8.75	0.09	169.0	70.73	1.03×10^{-1}
	400	274.00	266.00	255.50	8.00	10.50	9.25	0.09	246.0	70.73	0.94×10^{-1}
尾矿砂	16674	276.50	259.50	255.00	17.00	4.50	10.75	0.11	143.0	70.73	0.0113×10^{-1}
	37700	261.50	255.00	254.25	6.50	0.75	3.63	0.04	47.0	70.73	0.0049×10^{-1}
	15414	281.00	260.50	255.30	20.50	5.20	12.85	0.13	85.0	70.73	0.0061×10^{-1}
	19748	290.00	262.25	255.50	27.75	6.75	17.25	0.17	305.0	70.73	0.0127×10^{-1}
	27850	271.00	257.25	254.50	13.75	2.75	8.25	0.08	155.0	70.73	0.0095×10^{-1}
	36680	259.50	255.00	254.00	4.50	1.00	2.75	0.03	83.0	70.73	0.0116×10^{-1}
	40884	279.25	261.50	255.00	17.75	6.50	12.13	0.12	381.0	70.73	0.0109×10^{-1}
	18119	277.00	260.00	255.25	17.00	4.75	10.88	0.11	191.0	70.73	0.0137×10^{-1}
	12815	265.00	256.50	254.25	8.50	2.25	5.38	0.05	64.0	70.73	0.0131×10^{-1}
	36825	259.50	255.00	253.75	4.50	1.25	2.88	0.03	68.0	70.73	0.0091×10^{-1}
残坡积土	1560	272.00	267.00	258.00	5.00	9.00	7.00	0.07	430.0	70.73	0.56×10^{-1}
	2160	267.00	263.00	256.80	4.00	6.20	5.10	0.05	435.0	70.73	0.56×10^{-1}
	2820	259.00	257.00	254.00	2.00	3.00	2.50	0.03	257.0	70.73	0.52×10^{-1}

5.1.3.5 采矿废石渣的抗剪强度

前人对无黏性粗粒土的试验表明，粗颗粒的采矿废石渣的抗剪强度由三部分组成：（1）矿物颗粒滑动的摩擦阻力；（2）与咬合程度有关的剪胀阻力；（3）颗粒破碎、重新排列和定向排列所需能量而发展的阻力。矿物颗粒间产生滑动阻力分量的原因是颗粒接触面粗糙不平，对某种矿物通常是不变的；低压下粗粒土剪切时的咬合力是由于发生剪胀来抵抗周围应力需要消耗能量而发展的强度；而高应力时，剪胀效应将消失，颗粒破碎和重排效应增强[61]。

目前实际应用中对粗颗粒废石渣的抗剪强度仍按库伦公式计算：

$$\tau_f = c + \sigma \tan\varphi \tag{5.6}$$

式中 c——粗粒土的咬合力，kPa；

φ——粗粒土的内摩擦角（它包括颗粒间摩擦阻力、颗粒破碎和重新排列的综合效应），(°)；

σ——作用于剪切面上法向应力，kPa。

无黏性粗粒石渣在高低引力条件下的变化规律是不同的，见图 5.13。前人研究指出，在低应力条件下，石渣的内摩擦角明显增大，可达 48°，强度包线为通过坐标原点或某一截距的曲线，而且坡度较陡。在中等压力范围内（$10\times10^2 \sim 20\times10^2$ kPa）剪胀作用减小，颗粒破坏作用补偿已减弱的剪胀作用，此时颗粒间以滑动摩擦为主，强度包线近似保持线性破坏。在高应力作用下，由于剪胀作用消失，或由于颗粒破坏、细粒含量增加和重新排列，包线的坡度趋向减缓，甚至保持一个常量，φ 减为 41°。

前人试验表明：在低应力范围内粗粒土的强度包线的截距可达 44～100kPa；截距是一个变化大而又客观存在的参数值，

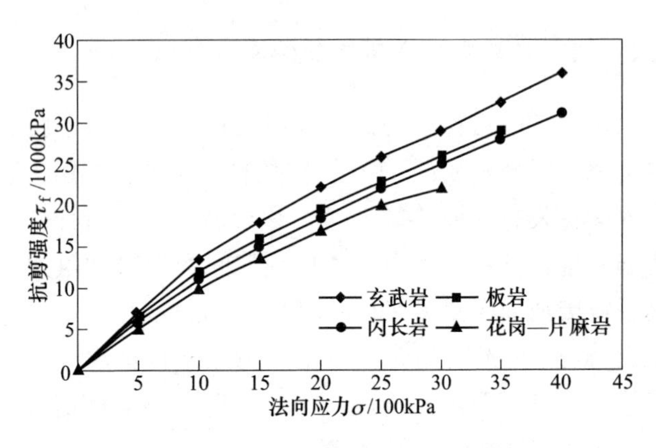

图 5.13　不同岩性石渣的抗剪强度

它与细粒黏土的黏聚力有着质的不同，而与粗粒土的咬合力等因素有关，所以通常所认为的松散石渣堆的 c 值等于零是欠妥的。

不同母岩类型的石渣料，其抗剪强度差异较大；即使同种岩类的石渣料，其抗剪强度及指标也因剪切时不同因素的影响而相差较大。因此，在应用中需判断渣堆在堆排过程中的应力条件。

A　母岩的特性及颗粒组成的影响

石渣由于母岩性质不同，他们之间的强度就有较大的差异。较坚硬的花岗岩、石灰岩的石料就比软弱的板岩、页岩强度大。例如，石灰岩石渣 $\varphi=32.46°\sim34.96°$，$c=10\sim56$kPa；砂岩石渣 $\varphi=32.46°\sim34.58°$，$c=66\sim101$kPa；黏土岩石渣 $\varphi=25.30°\sim27.33°$，$c=56\sim64$kPa。前人通过在石灰岩石渣中掺入不同比例的黏土岩和砂岩进行强度试验，结果表明：黏土岩比例高时，强度指标就降低。

前人研究表明，石渣中的粗颗粒含量对其强度有较大影响，规律性也比较明显。当粗料含量小于 30%时，抗剪强度随粗料含量的增加稍有增大，但基本上仍取决于细料；当粗料含量在

30%~70%范围内时，抗剪强度随粗料含量增加显著增大；当粗料含量大于70%时，细料填不满粗料孔隙，这时抗剪强度主要取决于粗料之间的摩擦力和咬合力的缘故，因而抗剪强度不再提高。另外，当 P_5>70%时，一方面，因细料填不满粗料孔隙，粗粒土的密度减小；另一方面，在同样压实功能下，作用力由粗料骨架所承担，处于孔隙中的细料得不到压实。这些都可能使抗剪强度不但不增加，甚至会有少许减小[50]。

B 孔隙比或密实度的影响

孔隙比或密实度对石渣的抗剪强度较之其他因素具有更重要的影响。例如，前人做过不同孔隙比的石料的内摩擦角试验，松散石料比密实石料的内摩擦角小得多。相同级配的石渣的抗剪强度，不论是闪长岩、二云母片岩石渣或砂岩、黏土岩石渣都有随密度增大而增加的规律，如二云母片岩石渣，干密度由 1.8g/cm^{3}增至 2.06g/cm^3，其中 φ 值增加 8°，c 值变化不明显；闪长岩石渣，干密度由 2.02g/cm^{3}增至 2.06g/cm^3，其 φ 值增加 7°，c 值增加至 30kPa；砂岩石渣，干密度增加 0.05~0.06g/cm^3，其 φ 值增加 3.33°~4.2°，c 值增加 18~42kPa；黏土岩石渣，干密度增大 0.1g/cm^3，φ 值增加 1.75°~5.5°，c 值增加 15~17kPa。这些都说明，为了研究采矿废渣堆的抗剪强度，必须测试不同堆放条件下的密度情况。

C 应力水平的影响

国内外大量试验表明：粗粒石渣的抗剪强度随着应力水平的提高，其内摩擦角降低。对于密度高、级配好、颗粒坚硬的石料，应力在 0.01~4MPa 范围内变化，其内摩擦角由 60°降至 42°；而对于密度低、级配差、软弱颗粒的石渣，在同样应力变化范围内，其内摩擦角由 50°降至 32°。

许多学者指出，粗粒石渣土在高应力水平下，其抗剪强度之所以会降低，主要是由于颗粒被压碎后细粒含量增大的影响。

D 浸水作用的影响

湿化必然导致试样的强度降低，对于 $\sigma_3=c$，湿化使破坏应变增加；而对 $p=c$，湿化时却在较小应变就达到破坏。一些试验指出，砂岩石渣湿化时 φ 降低 1°~4°，咬合力变化不大，而黏土岩、灰岩石渣，其 φ 降低 1°~2°，咬合力却降低 11%~21%。

由于研究区废石渣颗粒粗大，细粒物质少，因此限制了野外及室内实验测试工作，制约了这方面工作深入开展。要解决坡面渣堆失稳—堵塞—溃决型水石流的形成条件，有必要查明在雨水湿化条件下，研究区废石渣堆的强度变化特征。

小秦岭金矿区采矿废石渣主要为含金石英脉的围岩（片麻岩、角闪岩）及含金品位极低的石英岩，其抗风化力、抗压抗拉、抗剪强度比较强。其颗粒粗大，超过普通三轴剪切试验仪器限制粒径的比例过大，同时又没有大型三轴剪切试验条件，因此本书通过查阅水利水电方面前人对大坝粗粒土填料抗剪性能的研究成果，分析筛选石渣母岩、颗粒级配与研究区采矿石渣相同或相近的数据作为参考[61]（表 5.16），来研究本区采矿渣石的抗剪强度指标特征。

表 5.16 石渣与研究区废渣颗粒组成和干密度对比

材料性质	颗粒直径/mm				干密度 /g · cm^{-3}
	d_{max}	d_{80}	d_{60}	d_{10}	
石英闪长岩	800	600	214	0.9	2.17
闪长岩	150	85	50	1.0	2.09
花岗片麻岩	1000	950	500	10	2.24
片麻岩	1000	800	500	120	1.94
片麻岩	1000	500	230	5	2.14
小秦岭石渣堆 N_1	200	60	24	1.5	2.06

续表 5.16

材 料 性 质	颗粒直径/mm				干密度 /g·cm^{-3}
	d_{max}	d_{80}	d_{60}	d_{10}	
小秦岭石渣堆 N_2	200	180	100	6.7	2.01
小秦岭石渣堆 N_3	450	130	53	1.7	1.95
小秦岭石渣堆 N_4	470	360	230	5	1.90
小秦岭石渣堆 N_5	350	180	100	2.8	1.70

水电部门曾经利用总应力法和有效应力法测定几种不同母岩石渣抗剪强度指标的试验值，本书选用石英闪长岩、片麻岩的力学性质作为研究区石渣堆的参考值（表5.17）。因此，研究区类比内摩擦角可类比为40.8°~44.4°，咬合力近似为0.22。

表5.17 不同母岩类型物源抗剪强度指标[61]

母岩岩性	干密度	最大粒径 /mm	饱固快测定抗剪强度		备注
			内摩擦角 /(°)	咬合力 /100kPa	
石英闪长岩	2.17	800	40.8~44.4	0.22	研究区废渣的参考值
片麻岩	2.14	800	41~43	—	
闪长岩	2.02	20	30.3	0	丹江口
	2.04		36	0.05	
	2.06		35.5	0.22	
	2.05		31	0.35	
花岗岩	18.1	500	39.5	—	卡特
风化砂岩、板岩残积土	—	20	25.03	0.26	蒋家沟
	—		19.5	0.15	
	—		28.15	0.28	
	—		16.73	0.25	

5.2　降雨对矿渣性泥石流起动的影响

泥石流的形成需要有充足的水体，水体的来源主要是大气降雨。小秦岭金矿区采矿废石渣主要为粗颗粒渣石，孔隙粗大、透水性能高，因此其起动应当不同于细粒物质起动所需的雨强和雨量。

5.2.1　小秦岭地区降雨特征

为监测小秦岭矿区降雨条件，分别在区东桐峪道沟脑临近分水岭处（N34°25′45″，E110°24′14″，H1280m）、东桐峪中游（N34°27′19″，E110°21′32″，H863m）、东桐峪镇（N34°29′09″，E110°21′07″，H630m）三处地点安放翻斗式雨量计（图5.14），其测量器为两个三角形翻斗，每次只有其中的一个翻斗正对受雨器的漏水口，当翻斗盛满0.1mm或0.2mm降雨时，由于重心外移而倾倒，将斗中的降水倒出，同时使另一个翻斗对准漏水口，翻斗交替的次数和间隔时间可在自记钟筒上记录下来。2015年7月观测记录当地雨季所有降雨过程的数据，并且在潼关县气象局搜集蒿岔峪、善车峪2015年5~10月降雨数据。研究区降雨主要集中在夏秋季节（图5.15~图5.17），降雨强度

图5.14　降雨量自动观测设备

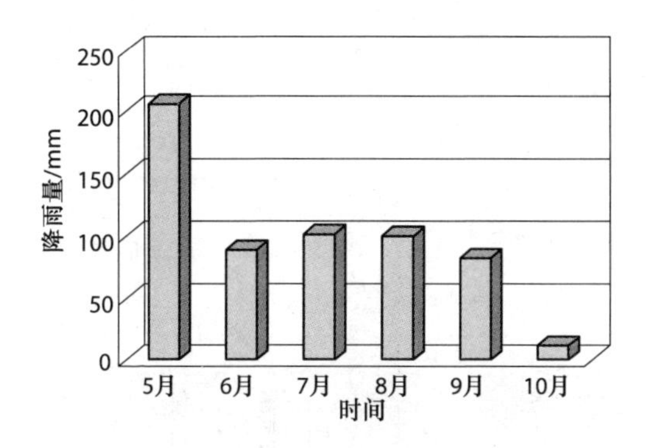

图 5.15　东桐峪镇多年月均降水量值

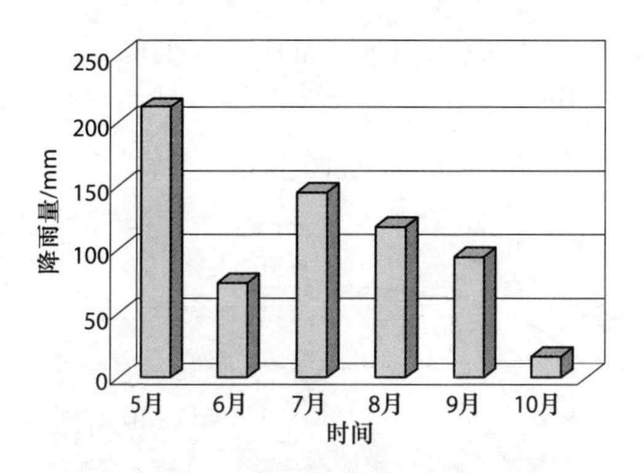

图 5.16　善车峪 2015 年月均降水量值

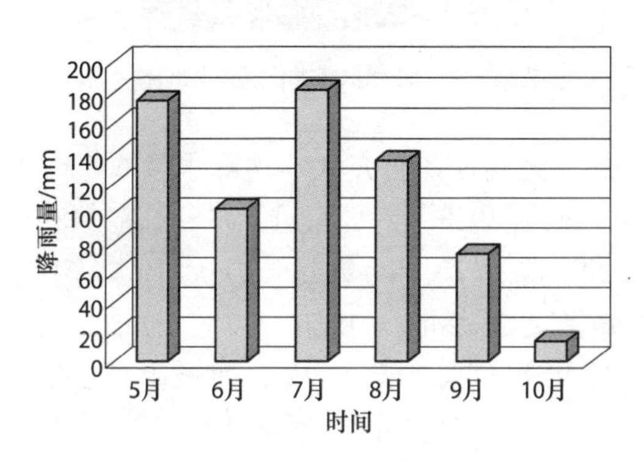

图 5.17　蒿岔峪 2015 年月均降水量值

较大（图 5.18 和图 5.19），以中到大雨为主（表 5.18），占总降雨量的 77.47%。

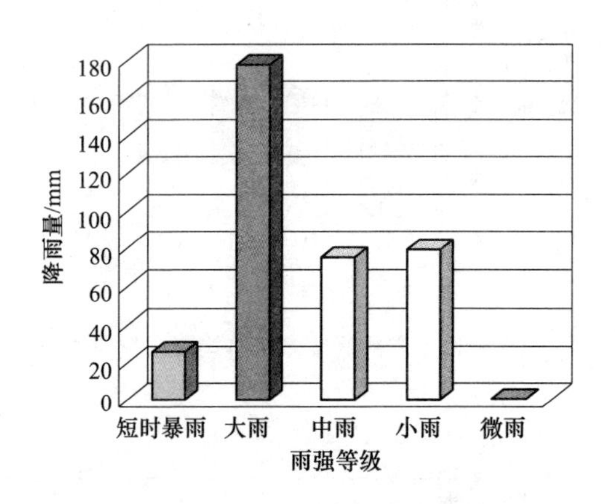

图 5.18 研究区不同雨强分布

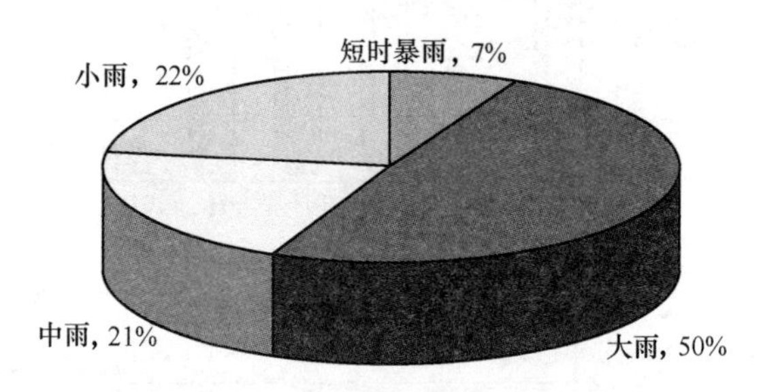

图 5.19 研究区不同雨强分布比例

根据历史观测统计，研究区年均降水量 645.8mm，最大年降水量 984.7mm（1958 年），最小年降水量 318.7mm（1997 年）；最大 24h 降雨量 194.9mm，最大 1h 降雨量 93.2mm，10min 最大降雨量 26.2mm（1960 年 7 月 22 日）。大于 100mm 日最大降雨量 10 年一遇，大于 50mm 日降雨量 2 年一遇，日最大降雨量出现在 7~9 月的年份占 76.19%[56,65]。而临近的华山地区曾经遭遇暴雨水石流袭击，12h 最大降雨量达 200mm

(1965 年)。因此，依据降雨强度分级标准（表 5.18），研究区历史上存在暴雨、大暴雨以及特大暴雨的情况。

表 5.18 降雨强度分级标准

降水等级	12h 降水总量/mm	24h 降水总量/mm	雨势（按雨量标准制定）	对旱地土壤影响	
				硬地	软地
微雨	0	0	一次雨量不超过 1mm	对土壤无影响，几乎保持原样	同硬地
小雨	≤5.0	0.1~9.9	1h 雨量 0.1 ~ 2.5mm。任何 6min 雨量不超过 0.3mm	能形成小水洼，但不会产生径流	土壤表面湿润
中雨	5.1~15.0	10.0~24.9	1h 雨量在 2.5mm 以上，但不超过 8mm，或任何 6min 雨量不超过 0.8mm	水洼泥潭很快产生径流	地表湿润，雨水渗透，产生小水洼
大雨	15.1~30.0	25.0~49.9	强度超过中雨	雨水落地四溅，高起数寸、潭水形成快，有水土流失现象	水洼很快形成，产生径流，土壤冲刷严重
暴雨	31.0~70.0	50.0~100.0	1h 降水量达 8mm	水土流失，冲刷土壤	冲刷土壤，破坏土层
大暴雨	70.1~140.0	100.0~200.0		冲刷土壤破坏土层	水土严重流失
特大暴雨	>140.0	>200.0		冲刷土壤破坏土层	水土严重流失

5.2.2 研究区降雨洪流分析

5.2.2.1 产流理论概述

降雨经过植物截留、土壤入渗等损失，再填满了流域坡面的洼坑后，开始出现地面径流，兼顾扣除各种损失后称为净雨，从降雨到净雨的过程称为产流过程。产流理论是在19世纪以后逐步建立和发展起来的。达西定律（1856年）和圣维南方程组（1871年）的提出，为研究产流理论中的地面水流、壤中流和地下水水流的运动规律奠定了理论基础。霍顿产流理论（1935年）阐明了自然界超渗地面径流和地下水径流的产生机制[66]。20世纪60~70年代，和维尔特和邓尼等人通过大量野外观测和室内实验证明除了霍顿提出的超渗地面径流机制，还存在饱和地面径流机制[67]。60年代初，我国水文学者提出湿润地区以蓄满产流为主和旱地区以超渗产流为主的重要论断[68]。70年代初，Kirkby等提出了“山坡水文学产流机制”，即壤中径流和饱和地面径流的形成机制及回归流概念[69]。Dunne（1978年）结合大量的野外观测和实验数据，对坡面径流现象、坡面流速等做了系统的论述，为坡地水文研究奠定了基础。Freeze（1978年）系统地提出了坡地水文模型。土壤物理专家Philip对山坡入渗问题进行了研究，表明了坡面的非平面性对入渗和坡地土壤水分运动影响很小，只有坡面的曲率半径小于某一值时才需要考虑。山坡水文学产流理论使人们对自然界复杂的产流现象有了深入的认识[70]。

张兴昌等对坡面产流的研究表明，当植被覆盖度为0~60%时，径流量减少18.9%，而降雨结束后，产流滞后从1.5min增到10.2min[71]。杨学震对坡面径流小区的研究表明，覆盖度从30%增至80%时，径流量减少最为明显，当覆盖度超过80%后，径流量就基本趋于稳定[72]。顾新庆等的研究表明，坡面造林郁闭后，与荒坡相比，可减少径流 51.9%[73]。总之，由于各流域所处的地理位置不同和各次降雨特性的差异，产流情况相当复杂。普遍认为对一次降雨过程的产流量的影响因素包括：降雨量、瞬时雨强、降雨峰值时间、降雨历时、植被覆盖度、土层厚度、降雨前土壤墒情等。但是其中主要影响因素为降雨、土壤性质和植被覆盖度。

5.2.2.2 研究区小流域洪水计算方法

小秦岭金矿区沟谷上游及支沟基本属于小流域范围，其洪水多数由暴雨形成，而且流域面积小、坡度陡、汇流迅速，洪水暴涨暴落历时短暂，沟口狭窄，洪水流速大、带动能力强。但是，研究区历史上缺乏水文计算资料和降雨观测资料，在这种情况下，本节参照公路桥涵工程设计中常用的推理公式法来计算小秦岭金矿区典型泥石流隐患沟大西岔的小流域洪水流量和流速。

大西岔沟位于潼关县桐峪镇南部桐峪矿区东桐峪河道 6km 处，距潼关县城约 11.0km，有矿区水泥道路相通，交通较为便利。地貌上属于秦岭褶皱北坡小秦岭山地基岩陡坡地貌区，地势由南向北渐缓，海拔 1114.2 ~ 1835.5m，高差约 680m，沟长 1750m，流域面积 1.8km^2，纵坡降比 33.6%。大西岔沟谷呈 V 字形，见图 5.20，两侧坡度较陡，一般坡度超过 40°。在主沟两侧发育一较大支沟和数个较小支沟，主沟和支沟沟壁均发育较多小型冲沟。大西岔沟总体流向北偏东 24°；地势南高北低，总体坡度 13°，沟道比较顺直，河道弯度率 1.03；沟底起伏不平，大西岔沟从沟脑到沟底，分布 20 多处体积不等、形状各异、高低堆叠的采矿矿渣堆，总渣量约有 131800m^3，废渣补给长度与沟长比 0.89，渣堆呈现楼上楼分布；沟谷严重挤占，河道堵塞率 0.83，流水不畅，渣堆无挡护墙，渣量稳定性很差，泥石流隐患严重，具体数据见表 5.19。1996 年大西岔沟曾发生过泥石流。

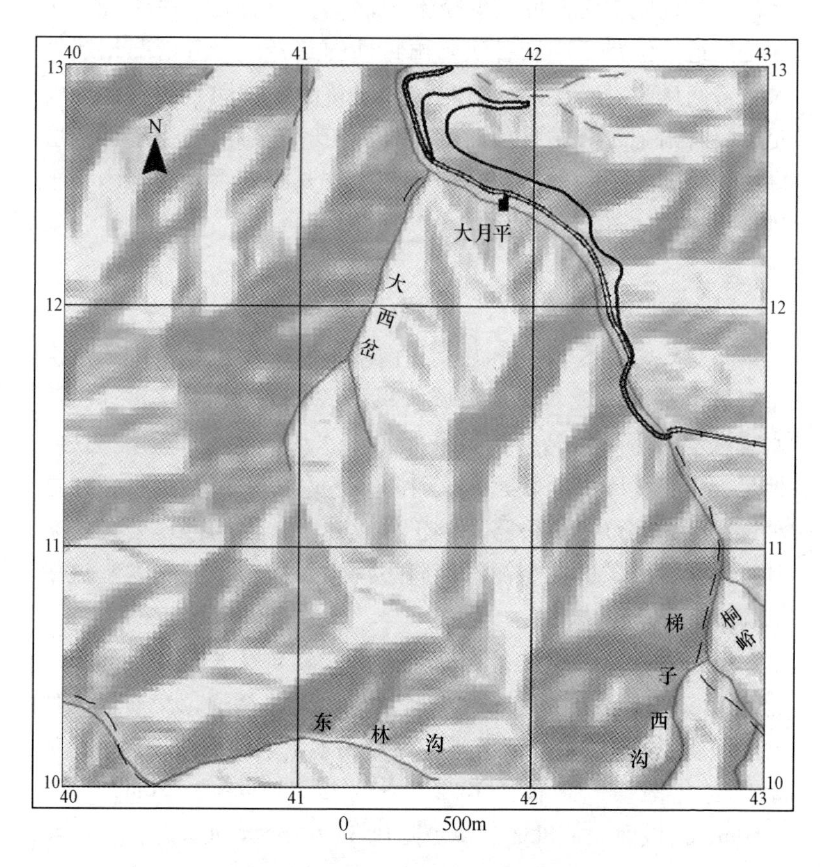

图 5.20 东桐峪大西岔支沟地形略图

表 5.19 大西岔沟泥石流危险度评价因子实测数据

总渣量 /m^3	纵坡降比 /%	补长/沟长	沟坡度 /(°)	平均安息角/(°)	沟道弯度率	沟道堵塞度	渣堆稳定性	汇水面积 /m^2
131800	33.60	0.89	42	40.42	1.11	0.83	0.89	1803600

20 世纪 80 年代初，交通部公路科研所和各省（自治区）交通设计院共同制定了小流域暴雨径流推理公式[74]：

$$Q_P = 0.278\left(\frac{S_P}{\tau^n} - \mu\right)F \tag{5.7}$$

式中 Q_P——设计频率 $P(\%)$ 时的洪峰流量，m^3/s；

S_P——设计频率 $P(\%)$ 的雨力，mm/h，可查各地《水文手册》雨力等值线或图表资料，或全国雨力等值线图；

F——流域面积，km^2；

n——降雨递减指数，可查《各省暴雨递减指数 n 值分区表》，当 $\tau<1h$，采用 $n_1=0.52$；$1h<\tau<6h$，采用 $n_2=0.75$；$6h<\tau<24h$，采用 $n_3=0.81$；

μ——降雨损失参数，mm/h，北方地区采用：$\mu = K_1(S_P)^{\beta_1}$；

K_1——系数，查表《损失参数分区和系数指数表》得研究区 $K_1=0.057$；

β_1——指数，查表《损失参数分区和系数指数表》得研究区 $\beta_1=1.0$；

τ——汇流时间，h，北方地区采用：$\tau = K_3\left(\frac{L}{\sqrt{I}}\right)^{\alpha_1}$；

L——主河沟长度，km；

I——主河沟平均坡度（比降），‰；

K_3——系数，查表《汇流时间分区和系数指数表》得研究区 $K_3=0.63$；

α_1——指数，查表《汇流时间分区和系数指数表》得研究区 $\alpha_1=0.15$。

时段平均暴雨强度 i、历时 t 和频率 P 之间的关系用式（5.8）表示：

$$i = \frac{S_P}{t^n} \tag{5.8}$$

式中　S_P——频率为 P 的雨力，mm/h，即 t 为 1h 的降雨强度。

将 μ、τ、i 代入式（5.7）得到洪水流量计算公式：

$$Q_P = 0.278\left\{\frac{1}{\left[0.038\left(\frac{L}{\sqrt{I}}\right)^{0.75}\right]^{n}} - 0.057\right\}S_P F \tag{5.9}$$

式中　L——主河沟长度，km；

I——主河沟平均坡度（比降），‰；

n——降雨递减指数，查《各省暴雨递减指数 n 值分区表》，当 $\tau<1\text{h}$，采用 $n_1=0.52$；$1\text{h}<\tau<6\text{h}$，采用 $n_2=0.75$；$6\text{h}<\tau<24\text{h}$，采用 $n_3=0.81$；

S_P——雨力，mm/h；

F——流域面积，km^2。

我国混凝土重力坝设计规范[75]中关于洪水冲击力的计算公式为：

$$P_\text{d} = K_{\text{d}2}\frac{\gamma}{2g}u_2^2 A_\text{d} \tag{5.10}$$

式中　P_d——洪水对水工建筑的冲击力，t；

A_d——迎水面在流速方向上的投影面积，m^2；

$K_{\text{d}2}$——阻力系数，视形状及流速大小，取 $K_{\text{d}2}=1.2\sim2.0$；

u_2——不计入波动及掺气的计算断面上平均流速，m/s。

依据上述降水产流模式，在模拟降水强度的情况下，大西岔产流流量及单位面积的水动力计算见表 5.20。

表 5.20　研究区模拟降水量的产流及水动力

模拟降水强度 /$\text{mm}\cdot\text{h}^{-1}$	产流流量 /$\text{m}^3\cdot\text{s}^{-1}$	单位面积水动力 /$\text{kg}\cdot\text{m}^{-2}$
10	58.79	5.64
20	117.59	22.57

续表 5.20

模拟降水强度 /mm · h^{-1}	产流流量 /m^3 · s^{-1}	单位面积水动力 /kg · m^{-2}
50	293.97	141.09
100	587.93	564.35
120	705.52	812.66
150	881.90	1269.79

5.2.3 泥石流模拟起动试验的降雨激发条件

2007 年，西安地质矿产研究所在小秦岭地区进行了矿渣型泥石流的水槽模拟起动试验。

5.2.3.1 实验装置

试验设计为直斜式小型模拟试验装置，见图 5.21，装置由

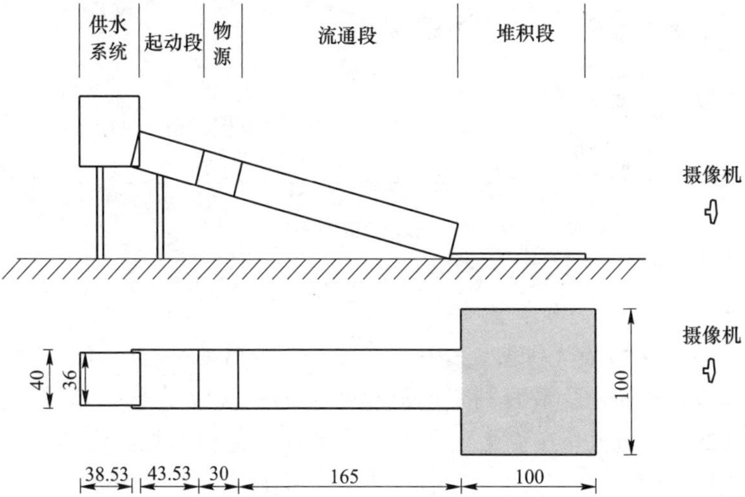

图 5.21 泥石流模拟起动实验装置示意图（单位：cm）

长 2.45m、宽 0.4m，深 0.25m 的矩形七合板试验水槽、供水箱组成，水箱尺寸：长 0.45m、宽 0.36m、高 0.48m，底面积 $1620cm^2$。矩形槽下端出口处铺设彩条布为采集箱。试验条件为：（1）物源材料剔除粒径大于 50cm 的石块；（2）干渣中 27kg，以 10cm 的厚度堆置于水槽起动区；（3）固定底床坡度为 17°。每次试验径流流速不同，测定不同径流量下泥石流起动的临界流量。

5.2.3.2 *矿渣型泥石流起动的临界径流量*

试验表明，当流速小于 2L/s 时，流量越大临界水量越小，当流量大于 2L/s 时，流量越大临界水量越大，基本呈线性关系，见式（5.11）和图 5.22。

$$S = 2.223\,(Q - 1.92)^2 + 7.2 \tag{5.11}$$

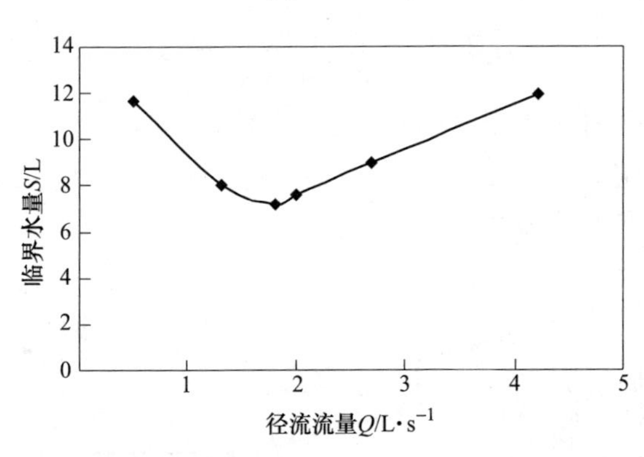

图 5.22 径流流量与起动临界水量的关系

当 $Q = 1.92$L/s 时，存在一个最小水量值 $S = 7.2$L。即当 $Q <$ 2L/s，存在一个最有利于矿渣型起动的径流流量 $Q = 1.92$L/s。将试验径流流量按照大西岔沟谷流域面积进行换算实际的径流流量，代入式（5.9），可推导其临界雨强为：$S_P = 22.68$mm/h。

需要说明的是，由于人工试验装置所限，试验中采用较为光滑密度板作为底床，没有考虑下垫面的粗糙程度、降水入渗情况，是一种较为理想状态下的起动状况，因而起动的临界条件可能反映了最易起动的情景。加之试验剔除了粒径大于 50mm 的粗颗粒，因此试验所需水量应是最小的临界水量。要模拟的大西岔矿山泥石流沟条件要比试验条件复杂得多[39]，因此本节据此推演的降雨量仅仅可为实际泥石流起动提供了定性和半量化信息。

5.2.4 沟床固体颗粒起动的条件分析

5.2.4.1 作用在固体颗粒上的力

堆积于沟谷河床中的采矿废石渣，在洪流作用下，将受到两类力的作用（图 5.23）：一类为促使起动的力，如水流的推力（F_D）及举力（F_L）；另一类为抗拒起动的力，如固体颗粒的重力（W）及存在于细颗粒之间的黏结力（N）。其中，水流推力 F_D是水流绕过所考察的颗粒 A 时出现的肤面摩擦及迎流面和背流面的压力差所构成的，其方向和水流方向相同；水流举力 F_L则是水流绕流所带来的颗粒顶部流速大，压力小，底部流速小，压力大所造成的，它们可分别用式（5.12）和式（5.13）表达：

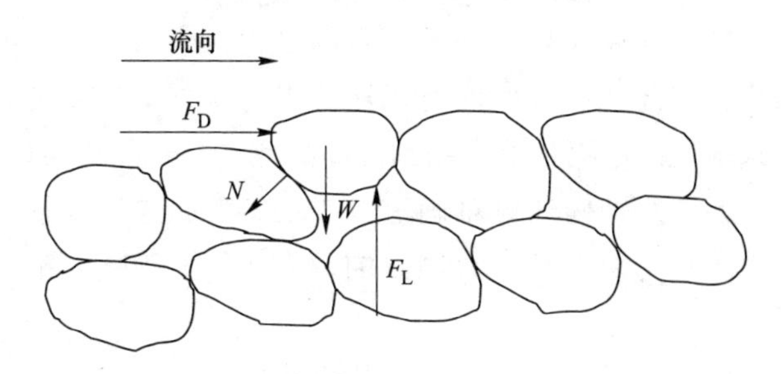

图 5.23 河床固体颗粒的受力情况示意图

$$F_{\mathrm{D}} = C_{\mathrm{D}} a_1 d^2 \gamma \frac{u_{\mathrm{b}}^2}{2g} \tag{5.12}$$

$$F_{\mathrm{L}} = C_{\mathrm{L}} a_2 d^2 \gamma \frac{u_{\mathrm{b}}^2}{2g} \tag{5.13}$$

式中　d——颗粒 A 的粒径；

γ——水的容重；

g——重力加速度；

C_{D}，C_{L}——推力及举力系数；

a_1，a_2——垂直于水流方向及垂直于水流方向及铅直方向的砂粒面积系数；

u_{b}——作用于砂粒六层的有效瞬时流速。

5.2.4.2　山区河床宽级配固体颗粒起动条件

山区河流由砾石、粗砂所组成，颗粒级配分布较宽，在水流冲刷下，具有部分可动、部分不可动的特点。这种河流的河床不能作为一个整体来考虑它的起动条件，而应该是组成河床的不同粒径的颗粒各自有其不同的起动条件。

确定非均匀固体颗粒的起动条件比较复杂，这是因为床面粗细颗粒的分布会影响水流阻力并影响平均流速及床面剪应力（即对固体颗粒的拖拽力），同时还会影响近底水流结构。使问题更进一步复杂化的是，非均匀固体颗粒从细颗粒到粗颗粒投入起动的过程往往是一个不恒定的过程，床面组成可能不断发生粗化，与此相应，床面对水流的阻力也不断发生变化，要准确地跟踪这一过程是不易做到的。除此之外，和均匀砂相比，非均匀砂起动判别标准更难确定。要全面考虑这些因素来确定非均匀砂的起动条件是十分困难的，为使问题简化，不得不做一些假定。

谢鉴衡、陈媛儿[76]研究了非均匀床沙的近底水流结构，发现这种床沙的当量糙度既是粗颗粒粒径的函数，又与粗颗粒在床面的分布密度有关；而近底的流速分布更直接决定于这种粗颗粒在床面上的分布密度，不是任何一种现有的均匀流流速分布公式所能准确描述的。除此之外，水流对床沙的推力和举力系数，也与颗粒的分布密度密切相关，而并非常数。因此，即使是就平均情况而言，要从理论上推求非均匀颗粒种不同粒径的起动流速的表达式也是很困难的。作为第一次近似，在采用一般的对数流速分布公式，并引进一些经验参数后，运用适线办法，求得如下形式的非均匀床沙的半经验起动流速公式[77]：

$$u_c = \psi \sqrt{\frac{\rho_s - \rho}{\rho} g d \frac{\lg \frac{11.1h}{\varphi d_m}}{\lg \frac{15.1d}{\varphi d_m}}} \tag{5.14}$$

式中，$\varphi = 2$；$\psi = \frac{1.12}{\varphi}(d/d_m)^{1/3}\left(\sqrt{\frac{d_{75}}{d_{25}}}\right)^{1/7}$。前者主要反映粗颗粒对当量糙度的影响，后者则除反映当量糙度影响之外，还反映床沙非均匀度的影响。由于当 d/d_m 较大时，$(d/d_m)^{1/3}$ 与 $\lg \frac{15.1d}{\varphi d_m}$ 之比较小；而当 d/d_m 值较小时，$(d/d_m)^{1/3}$ 与 $\lg \frac{15.1d}{\varphi d_m}$ 之比较大。因此，这一公式能反映非均匀砂的起动特点，即粗颗粒受暴露作用的影响，相对较易起动；而细颗粒则受隐蔽作用影响，相对较难起动。

但在谢鉴横、陈媛儿的公式中，当 $d = d_m$ 或 $d < d_m$ 时，出现间断或负值，这不符合泥沙起动的规律，而且公式也只限于不考虑床沙组成变化时河床遭受到一定程度冲刷下的粗颗粒泥沙的起动。

李荣等人[78]通过引入相对暴露度[79]的概念，即相对暴露度 $\eta = \frac{d_m - d}{d_m}$，推导并建立了能反映非均匀砂起动的阶段性，非恒定性和粗细颗粒的隐暴等特点的起动流速公式（5.15），并得到了与实测资料吻合较好的结论。

$$u_c = \sqrt{B_1 m d_m \eta + B_2 d}\left(\frac{h}{d_{90}}\right)^{\frac{1}{6}} \tag{5.15}$$

式中　m——密实系数，与不均匀度 C_u 有关；

d_m——平均粒径；

η——相对暴露度；

h——水深，m；

B_1，B_2——待定综合系数，须经实测资料确定。根据 Lane 和 Carlson 的粗化试验资料，取 $B_1 = 20.85$，$B_2 = 15.26$。

由于前人所得非均匀砂试验公式均是通过小颗粒砂试验的，并不能反映河道中大块砾石的情况，而且计算烦琐，因此通过简化公式，将式（5.15）写成：

$$u_c = 3.91 d^{\frac{1}{3}} h^{\frac{1}{6}} \tag{5.16}$$

5.2.4.3　倾斜河床固体颗粒起动条件

在沟谷固体物质起动的过程中，重力起着显著的作用，如果河床表面是倾斜的，就会对起动流速有一定影响。培什金（Б. А. Пыщкин）提出如下方法[80]。

假设河床表面与水平面的交角为 α，流向与砂粒所在的斜坡水平线的交角为 θ（见图 5.24），则作用于砂粒的重力 W 可以分解为切线力 $T = W\sin\alpha$。这一法线力 N 将引起阻力 F_R，而阻力 F_R 可以分解为分别与水流推移力 P 及切线力 T 的作用线相重合的两个分力 F_P 及 F_T。如果泥沙起动时的动力平衡条件，可以近似地认为系阻力 F_R 等于水流推移力 P 与切线力 T 的合力 F，则应有 $F_T = T$ 及 $F_P = P$[76]。

若令 u_c 为水平河床情况下的起动流速，u_c' 为倾斜河床情况下的起动流速，F_R' 为水平河床情况下的阻力，则可近似地认为：

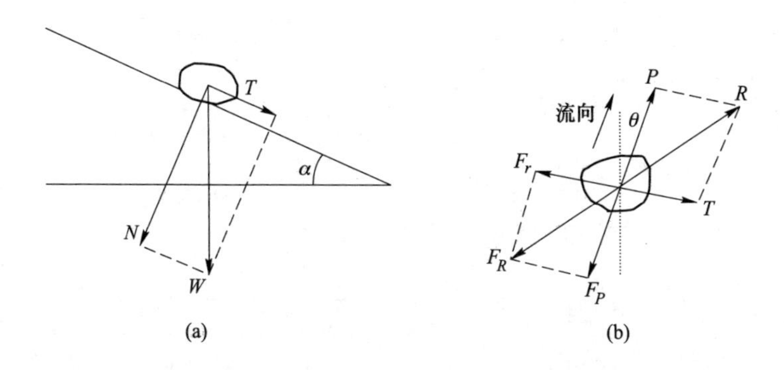

图 5.24 斜坡上砂粒受力情况示意图[77]

$$\left(\frac{u_c'}{u_c}\right)^2 = \frac{F_P}{F_R'} = K \tag{5.17}$$

此处 K 为待求的 u_c 与 u_c' 的比值。

因
$$F_R^2 = F_P^2 + F_T^2 - 2F_P F_T \cos(90° + \theta)$$

或
$$F_P^2 + 2F_P F_T \sin\theta + F_T^2 - F_R^2 = 0$$

故
$$F_P = -F_T\sin\theta + \sqrt{F_T^2\sin^2\theta - F_T^2 + F_R^2}$$
$$= -F_T\sin\theta + \sqrt{F_R^2 - F_R^2\cos^2\theta}$$
$$F_R = W\cos\alpha\tan\varphi$$
$$F_R' = W\tan\varphi$$

此处 $\tan\varphi$ 为摩擦系数，则

$$F_P = W\sin\alpha\sin\theta + \sqrt{W^2\cos^2\alpha\tan^2\varphi - W^2\sin^2\alpha\cos^2\theta}$$

$$K^2 = \frac{F_P}{F_R'} = -\frac{\sin\theta \cdot \sin\alpha}{\tan\varphi} + \sqrt{\cos^2\alpha - \frac{\sin^2\alpha\cos^2\theta}{\tan^2\varphi}} \tag{5.18}$$

若令 $\tan\varphi = 1/m_0$（此处 m_0为自然斜坡系数）

$$\cot\alpha = m\left(即\ \sin\alpha = \frac{1}{\sqrt{1+m^2}},\ \cos\alpha = \frac{m}{\sqrt{1+m^2}}\right)$$

则
$$K = \sqrt{-\frac{m_0\sin\theta}{\sqrt{1+m^2}} + \sqrt{\frac{m^2 + m_0^2\cos^2\theta}{1+m^2}}} \tag{5.19}$$

将式（5.18）和式（5.19）代入式（5.17），得山区倾斜沟床非均匀颗粒的起动流速为：

$$u_c' = 3.91 d^{\frac{1}{3}} h^{\frac{1}{6}} \sqrt{\sqrt{\frac{m^2 + m_0^2 \cos^2\theta}{1 + m^2}} - \frac{m_0 \sin\theta}{\sqrt{1 + m^2}}} \quad (5.20)$$

根据式（5.20）得起动雨力公式：

$$Q_P = u_c' hw = 0.278 \left\{ \frac{1}{\left[0.038\left(\frac{L}{\sqrt{I}}\right)^{0.75}\right]^n} - 1 \right\} S_P F \quad (5.21)$$

整理后得

$$S_P = \frac{hw 3.91 d^{\frac{1}{3}} h^{\frac{1}{6}} \sqrt{\sqrt{\frac{m^2 + m_0^2 \cos^2\theta}{1 + m^2}} - \frac{m_0 \sin\theta}{\sqrt{1 + m^2}}}}{0.278 \left\{ \frac{1}{\left[0.038\left(\frac{L}{\sqrt{I}}\right)^{0.75}\right]^n} - 0.057 \right\} F} \quad (5.22)$$

式中　h——水深，m；

w——河道宽度，m；

d——粒径，mm；

m——cotα，α 为斜坡倾角，(°)；

m_0——tanφ，自然斜坡系数；

θ——流向与砂粒所在的斜坡水平线的交角，(°)；

ρ，ρ_s——水和固体颗粒的密度，kg/m^3；

g——重力加速度，m/s^2；

L——主河沟长度，km；

I——主河沟平均坡降，‰；

n——降雨递减指数，查《各省暴雨递减指数 n 值分区表》，当 $\tau < 1h$，采用 $n_1 = 0.52$；$1h < \tau < 6h$，采用 $n_2 = 0.75$；$6h < \tau < 24h$，采用 $n_3 = 0.81$；

F——流域汇水面积，km^2。

5.2.4.4 矿渣型泥石流起动的临界雨强计算

雨强是泥石流起动的重要参数之一。本节以东桐峪大西岔泥石流隐患沟为代表，将其有关地形、沟谷、废渣堆及颗粒级配数据（表5.21）代入公式（5.22），计算大西岔沟泥石流形成的临界雨强。

表5.21 临界雨量计算参数表

洪水深度 h/m	行洪宽度 w/m	系数 m	自然斜坡系数 m_0	流向与斜坡水平线交角 θ
2	选取不同宽度	2.98	0.9	90
固体颗粒密度 ρ_s/t·m^{-3}	**水的密度 ρ/t·m^{-3}**	**主沟长度 L/km**	**纵坡降比 I/‰**	**流域汇水面积 F/km^2**
2.04	1	2.1	336	1.8

作者分别选取0.83~200mm各级粒径来分析处于不同宽度行洪通道的不同粒径的石渣起动所需的降雨强度，计算结果见表5.22和图5.25。

表5.22 不同粒径石渣起动的雨强计算表

行洪宽度/m	不同粒径的起动雨强/mm·h^{-1}								
	200mm	150mm	100mm	80mm	60mm	20mm	7mm	5mm	0.83mm
12	300.90	273.39	238.83	221.71	201.43	139.67	98.43	87.98	48.36
8	200.60	182.26	159.22	147.80	134.29	93.11	65.61	58.66	32.24
4	100.30	91.13	79.61	73.90	67.14	46.56	32.81	29.33	16.12
2	50.15	45.56	39.80	36.95	33.57	23.28	16.40	14.66	8.06

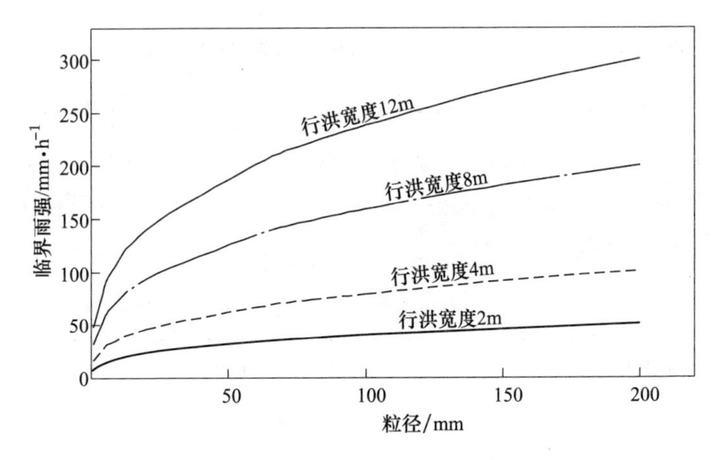

图 5.25 不同宽度沟道中各级粒径的起动临界雨强

通过计算，同等条件下粒径越大起动临界雨强越大，行洪宽度越大起动临界雨强越大。国家气象局发布的短临预报规定，一小时降水达 20mm 为短历时强降水，而计算得到的临界雨强远远大于短时强降水的标准。当大西岔沟内某处渣堆的行洪宽度为 2m，降雨强度大于 33.57mm/h 时，60mm 粒径（占固体物质 50%）的颗粒处于临界起动条件。所以，在渣堆堵塞行洪通道，形成狭窄"卡口"时，普通暴雨条件下即有可能发生起动。根据调查数据，大西岔渣堆所处行洪宽度为 4~8m，60mm 粒径起动临界雨强为 67.14~134.29mm/h，通过查阅全国雨力等值线图［桥涵水文］可得，研究区 $S_P(P=4\%)=50$mm/h，即 50mm/h的雨强为 25 年一遇；$S_P(P=2\%)=70$mm/h，即 70mm/h 的雨强为 50 年一遇；$S_P=(P=1\%)=75$mm/h，即 75mm/h 的雨强为 100 年一遇。也就是说在 50 年或 100 年一遇的特大暴雨情况下，会有 50%的颗粒处于临界起动条件，就有可能形成矿渣型泥石流。

计算获得的雨强比前人人工模拟实验推演的临界雨强 22.68mm/h 要大得多，这是因为人工与通过模拟实验推得的临界雨强 22.68mm/h 相比雨强较大，由于人工试验装置所限，试验中采用较为光滑密度板作为底床，没有考虑下垫面的粗糙程度、水分下渗情况，是一种较为理想状态下的起动状况，因而起动的临界条件反映了最易起动的情景。加之试验剔除了粒径大于 50mm 的粗砾颗粒，因此试验所需水量应是最小的临界水量。而实际上要模拟的大西岔泥石流沟的参数条件要比试验复杂得多，因此人工试验得到的雨强可看作是为矿渣型泥石流起动过程提供了定性和半量化信息，是野外原位模拟实验的基础。

5.3 矿渣型泥石流起动模式

5.3.1 泥石流形成模式

严格讲，泥石流是一种由水、沙石以及微量气体等组成的三相特殊流动体，由于固体和液体两相物质含量与组合的特殊性而不同于山洪。因此，泥石流形成过程中大量固体物质加入是一个关键性问题。如果没有充足的松散固体物质，或者固体物质与水只是一种简单的被运移关系，则不构成泥石流。

在高低落差巨大的泥石流沟流域内的水源和松散碎屑物之间的相互作用以及由此产生的作用力及其变化是形成泥石流最核心的问题。这些作用力包括：（1）与固体物质浓度和坡面坡度有关的重力下滑分量，（2）液体相对于固体颗粒的运动所需的推移力。由于形成条件众多，流域情况各不相同，因此泥石流形成机理有多种不同的类型。目前大多数学者认为可以将泥石流形成机理划分成土力类和水力类[81]。

5.3.1.1 水力类泥石流的形成机理

A 坡地片蚀和坡地冲刷作用

泥石流流域内使固体物质由坡地转移入河流的片蚀作用和冲刷作用是最常见的两类坡地泥石流形成作用，其主要是洪水对山坡上固体碎屑物质的动力作用。鉴于松散碎屑物质遭受破坏程度不同，坡面上的松散碎屑物质，有的处于自由状态与下层岩土体关系不大的倒石堆（坡地片蚀作用）；有的则与坡面保持一定的连带关系（内聚力）（坡地冲刷和片蚀作用）。坡地片蚀作用形成机理是固体颗粒遭受水体片蚀的结果。坡地冲刷和片蚀作用是坡地固体碎屑物先遭受水体冲刷，导致固体颗粒与坡面下层脱离关系，然后遭受水体片蚀作用。因此坡地上的固体颗粒若要转移入水体中，则水动力 P 加上固体颗粒重力的下滑分量 $G\cos\alpha$ 就得到大于固体颗粒堆积体的总阻力。总阻力为阻止固体物质下滑的摩擦阻力以及与周围土体的内聚力，坡面固体物质受力示意图如图 5.26 所示。

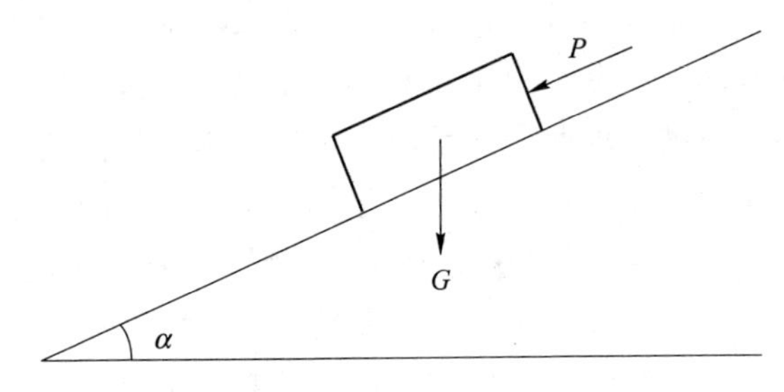

图 5.26　坡面固体物质受力示意图

自由状态下的坡地固体物质产生滑动的条件概化为：

$$P + G\sin\alpha > G\cos\alpha \tag{5.23}$$

与周围土体有内聚力的固体颗粒产生滑动的条件概化为：

$$P + G\sin\alpha > C + G\cos\alpha \tag{5.24}$$

B　河床两岸冲刷作用、河床底部冲刷作用

河床固体物质遭受冲刷作用和片蚀作用的情景一类是河床两岸未遭受冲刷而河床底部遭受冲刷所引起的泥石流形成作用（底床冲刷作用），另一类是河床底部未遭受冲刷而河床两岸遭受冲刷所引起的泥石流形成作用（河床两岸冲刷作用）。这两类泥石流形成往往相伴而生，确定这两类泥石流固体颗粒滑移条件，仍可用式（5.23）和式（5.24）表示。然而两类泥石流形成作用也有所差异。两岸冲刷作用形成的泥石流是常规流，规模大推力也很大，因而固体物质的输移量大；河床底部冲刷作用形成的泥石流，常由直接排泄入河床中的“快速”地下径流而生成。

C　河床堵塞溃决作用

阻塞物质溃决作用指的是天然坝或人工坝坝体横断了整个河床，上游来水量大于坝体渗漏量而构成湖泊。由于蓄水压力，坝体遭受破坏溃决，水体和坝体物质混合形成泥石流。这种现象形成的原因包括以下几种：

（1）当静水压力（水量巨大时也有动水压力）大于极限剪应力时而形成；

（2）水体漫过坝顶而形成；

（3）坝体渗漏量过大，坝体下游遭受冲刷而形成；

（4）以上几种情况混合。

5.3.1.2　土力类泥石流的形成机理

A　斜坡体上土体过度充水引起滑坡转化形成泥石流

坡地上的岩土体因其过度充水而导致岩土体自身重力增加，岩土体自身的平衡条件改变引起下滑。这类泥石流形成机理有两方面：一是土体充水饱和或接近饱和；二是土体的孔隙水压力增大，以至于大于岩土体内部的极限剪切力：

$$\tau > \tau_0 \tag{5.25}$$

式中　τ——土体的内部应力；

τ_0——土体极限剪切力。

这种情况下其形成过程是：（1）泥石流固体松散物质在雨水下渗过程中渐渐饱和，特别是在连阴雨过程中，土体达到饱水状态，土体达到极限平衡状态，一旦含水量达到某个阈值，就会岩土体失稳下滑起动形成或进一步转化成泥石流；（2）表层土壤补充饱水，由此出现过度充水而失去平衡，并构成泥石流的岩块层、块体层呈滑动、土滑、崩落方式移动。在滑动过程中，土块运动速度不一样，块体之间相互碰撞，混合液化而形成泥石流，如图 5.27 所示。

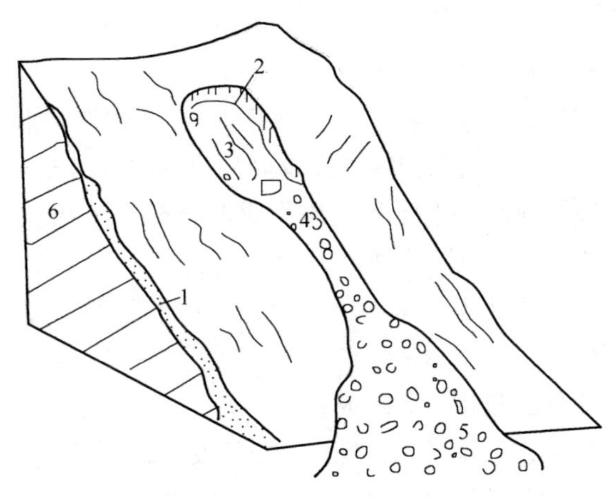

图 5.27　土力类泥石流形成模式图[81]

1—残坡积层；2—崩塌后壁；3—崩塌及泥石流形成区；4—泥石流流通区；5—泥石流堆积区；6—基岩

B　坡脚失稳引起岩土体滑塌转化为泥石流

坡地上的岩土体因坡脚遭受洪水的侵蚀、掏空，从而导致坡体上部物质失稳滑落进入河床，滑入河床的物质与洪水混合形成泥石流。坡体稳定方程可用式（5.25）。

C　河床中碎屑物质过度充水起动

河床碎屑物质因其过度充水时土体平衡条件遭受破坏而引起的土体蠕动进而流态运动。这种类型一般形成于沟床比降较大的流域。坡地土体运动机理大多近似于滑坡转化泥石流形成机理，内容包括：其一，沟床物质经过浸润，其孔隙含水量增大，孔隙水压力增大，随之内摩擦角减小；其二，饱水物质在滑动中发生液化，从而使土体流动性增强。

D 河床碎屑物质非过度充水起动

这种情况的产生大致有三种原因：一是外部营力作用（其中包括流水的切割作用）；二是内部营力作用（地震）；三是人类活动的扰动作用，比如道路施工时在岩质岩屑堆积体中开挖路基。此种泥石流形成机理近似于坡脚破坏失稳引发泥石流的形成机理，但两者的差别为：此种泥石流形成的土体运动随土体结构的外界扰动破坏而产生。

5.3.2 研究区矿渣型泥石流起动模式

小秦岭金矿区矿渣型泥石流物源90%以上是粒径大于1mm的粗粒物质，缺乏细粒和黏粒物质，属水石流类型；并且渣堆孔隙度很大，大部分超过30%（32%~57%），降雨汇水很快透过渣堆排出，静水压力不成为渣堆失稳的主要条件，因此普通量级的降雨强度下很难使渣堆水分饱和而使渣堆失稳起动形成泥石流。

通过小秦岭金矿区历史上泥石流地质灾害形成条件、现有矿渣型泥石流隐患沟危险度评价、沟谷中废渣堆堆排位置、渣堆失稳原因分析，结合计算的泥石流起动的临界雨强等，综合分析，提出小秦岭金矿区矿渣型泥石流起动形成泥石流的方式主要有两种：

一是滑塌—堵塞—溃决型。山坡上、沟谷边的松散废渣堆在继续堆排、矿震或因降水等作用下失稳滑塌至沟底，或在特大暴雨洪流作用下，洪水掏蚀沟道边的废渣堆坡脚，造成渣堆失稳滑塌堵塞河道，在一定的水流作用下继续沿沟床流动而形成泥石流；在水动力不足时形成临时性的小的堰塞塘，在后续快速汇水作用下聚水而溃决，导致临时性废渣堆溃决形成更大的水动力而带动下游废渣堆起动形成泥石流。实质是松散废渣堆滑塌转化为泥石流的方式。而降水入渗直接导致废渣堆颗粒间水分饱和，静水压力增大导致斜坡上废渣堆失稳下滑形成泥石流模式的可能性较小。

二是沟床直接起动型。在特大暴雨作用下，沟谷汇水形成的强大洪流铲蚀沟中废渣，从上游向下游运动过程中不断卷入沿途废渣，形成能量不断加大的泥石流，见图 5. 28。

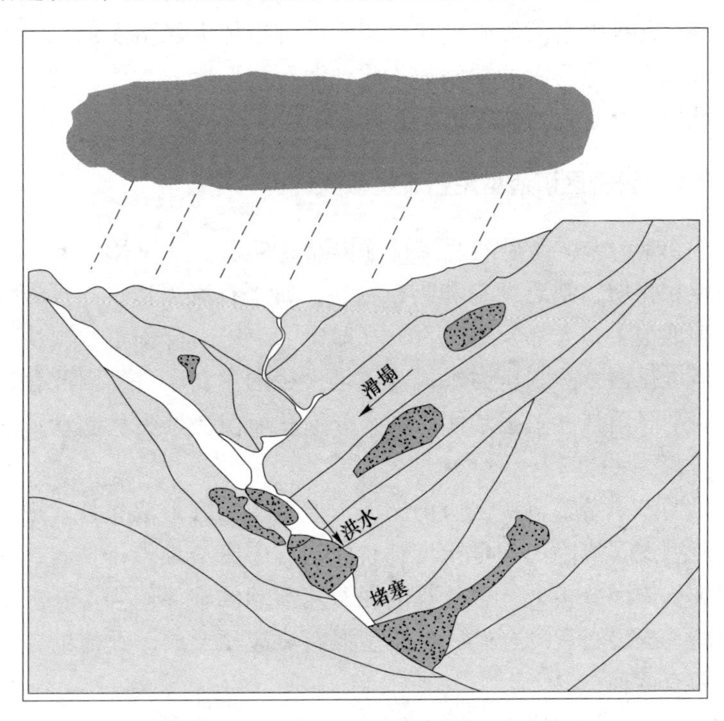

图 5. 28　研究区矿渣型泥石流起动模式图

6 矿渣型泥石流防治对策

由于小秦岭金矿区矿渣型泥石流物源的特殊性——废渣硬度大，抗风化能力强，颗粒粗大且松散，孔隙度大，透水性强，从而导致其形成泥石流的降雨强度要比一般细粒占主要的物源强度要大，即泥石流起动的临界雨量要大，但是在特大暴雨作用下可能会形成规模更大的水石流。因此，研究区泥石流预防的关键要从物源和降雨两个方面出发，即稳定物源控制泥石流的形成，建立气象预报，减少灾害损失。

6.1 矿渣型泥石流的防治原则

矿渣型泥石流的防治原则，是地方国土部门以及矿山企业编制泥石流防治方案的指导方法与准则[82]。通常来说，应遵循以下六点：

（1）矿渣型泥石流防治与矿区经济建设相结合。泥石流防治是一项公众参与性很强的工作，与矿区职工和当地群众的生命财产息息相关，因此调动当地群众和矿山基层职工参与泥石流防治的积极性是至关重要的。调动当地老百姓参与矿渣型泥石流防治积极性的最佳方法，就是通过矿山企业的生产建设带动当地道路、电力、通信等基础设施建设，为当地群众提供矿山的就业岗位，使当地群众在参与矿山生产建设和泥石流防治中不仅获得生命财产安全保障，而且能从矿山企业中获得经济实惠，实现脱贫和小康生活。

（2）应以防为主，防治结合。在现实情况下，矿渣型泥石流的发育具有一定的隐蔽性和突然性。对矿区的所有地段进行一一治理是十分困难的，因此应采取以防为主、防治结合的原则进行防治。以防为主的第一关键点是避免不合理的矿山滥采滥挖活动，第二关键点是开展矿渣型泥石流的监测预报工作，第三点是要实施避让措施，尽量不在泥石流隐患点周围进行工程建设。但是以防为主并不是放弃治理，而是要在预防为主的前提下，进行防治结合。只有这样的思路，才能收到泥石流防治的最佳效果。

（3）应因地制宜，因害设防。矿渣型泥石流因矿种（物源性质）、矿山地形地貌、矿区降水条件的不同，而各具特色。不同地区的不同矿山，泥石流发生后危害的对象和危害程度也有所差别。在进行矿渣型泥石流防治时，应根据各泥石流沟谷的流域和物源特征，可进行生物防治的，优先实施生物防治措施；生物防治效果较差可通过工程防治的，采取工程防治措施；需要多种手段综合防治的，则采用综合防治措施，切实以因地制宜为导向，根据不同条件进行因害设防。

（4）统筹兼顾、突出重点，分期分批进行防治。每一条泥石流隐患沟都可能给矿山企业和当地群众造成严重的经济和生命安全威胁，因此在设计泥石流防治方案时，对任何一条泥石流隐患沟都不能轻视，均需要认真进行研究和分析，并在积累了充分的实地资料的基础上进行归类和分解。这样才能做到真正意义上的统筹兼顾。但是每条泥石流隐患沟的地质、地形、物源特征、危害方式、危害程度和危害对象都有所区别，因此在统筹兼顾的框架下，还应该划分主次，突出关键问题，根据危害的轻重和保护对象需要的缓急，分期分批进行防治。

（5）综合防治。对一些灾害危害巨大、采用单独手段难以显示治理效果的矿渣型泥石流沟谷，应实施综合防治。综合防治的范围涉及整个沟谷流域，应对整个流域进行全面剖析，包括受影响的主河段；综合防治的措施应包括生物措施、工程措施、监测预警措施和行政管理措施；综合防治要充分考虑工程措施和生物措施效益的衔接，当工程措施效益发挥到极限状态前，生物措施的效果应开始显现，并逐步过渡到以生物措施为主，生物措施与工程措施共同发挥效益，抑制泥石流物源起动，限制泥石流规模和危害。行政管理措施是综合防治措施的前提保障，地方政府联合矿山企业在矿区范围内进行脉石、尾矿的安全堆放，并对危岩体、山体进行工程加固，以达到大大减少矿业固体废弃物、采矿危岩体参与泥石流物源的目的。

（6）分级防治和群防群治。矿渣型泥石流规模的大小、危害的轻重、防治的难易都随着泥石流发生的条件不同而各异，因此防治应该进行分级管理。对于规模大、频次高、危害大、治理难的泥石流沟，可由国家（部）、省（厅）、市（局）三级共同管理；对于规模、危害、治理难度中等至较大的泥石流沟，应由省（厅）、市（局）、县（局）三级共同管理；对于一些规模、危害、治理难度在较小至中等的泥石流沟，可由市（局）、县（局）、镇（所）三级共同管理；对于防治后仅对某些矿山企业有收益作用的泥石流沟，应在所在地政府和收益企业上级主管单位共同商议后，由受益企业进行泥石流防治管理工作；对于主要由采矿活动引发的矿山泥石流，仍应纳入分级管理，要采取谁引发灾害，谁筹措资金并实施全部防治措施的办法进行管理。由于矿渣型泥石流防治往往涉及当地人民群众的安危和利益，因此在防治工作中，应积极吸收当地受益群众和做出贡献的群众参与管理。由上述分析可见，通过分级防治和群防群治，能形成一个既有明确分工，又有充分协作和群众参与的共同防御泥石流灾害的体系。

6.2 矿渣型泥石流的预防措施

6.2.1 落实矿区“灾害评估”及“治理方案”，从源头预防矿山泥石流的形成

地方自然资源主管部门应依法依规对矿山企业的建设、生

产、闭坑过程进行严格的监管。矿山企业应认真落实建设项目地质灾害危险性评估工作，在矿山工业布局阶段就避开或治理原生泥石流沟，在矿山建设和生产过程中慎重规划矿山废石弃渣堆排位置、规模，做好护挡措施，并进行长期监测，从源头避免矿业废石弃渣成为泥石流物源。落实矿山地质环境保护与恢复治理方案，边开采边治理废石堆。

6.2.2　保护矿区生态环境

矿渣型泥石流的发生主要是人为的大规模采矿活动破坏了原地的自然条件，造成大量植被破坏、地表裸露、危岩耸立、采矿废渣乱堆、尾矿库位于沟道上游等。陕西省潼关县金矿区，由于在沟内进行金矿开采，沟道内层层叠叠堆满了采矿废渣和尾矿砂，堵塞了行洪通道。同时，植被大面积破坏，山体表面岩土体松散。这些为泥石流的发生提供了丰富的物源条件。

在山地地貌单元，由乔木、灌木和草本植物混交组成的森林，根系错综复杂，并呈多层分布，固定松散堆积物的作用强大，在一定程度上维持着坡面的稳定性，对浅表层崩塌、滑坡的发育具有一定的抑制作用。可见，植被通过上述作用，能够削弱泥石流的形成物源条件，在一定程度上减少泥石流发生的频次和规模。因此，在矿山开采和选冶过程中，一定要重视矿区生态环境的保护，尤其要注意对森林植被的保护，最大限度地发挥森林植被在预防泥石流灾害中的作用。

6.2.3　泥石流气象预警

泥石流预测预报就是解决泥石流会不会发生、发生的可能性有多大、什么时候发生的问题[13]。日本、苏联等国家在泥石流预测预报方面取得了一些研究成果，20 世纪 70 年代，苏联学者就提出了泥石流形成的各项降雨指标以及泥石流空间预报、时间预报、规模预报的概念，并借助泥石流危险评价图叠加降水预报进行泥石流的预测预报[83]。苏联克列姆库洛夫 B. H 1984 年提出了泥石流发生的多种临界水深判别模型[84]。日本学者奥田节夫于 1972 年首先提出了 10min 雨强为泥石流激发雨强的概念[85]。我国泥石流的预测预报研究一直是一个热点，主要有危险频率预测法[86,87,15]、人工神经网络法[88]和 GIS 法[89]、临界雨量预测法[90~93]等。

本书根据河流泥沙起动模型结合研究区废石渣堆的特点推导出泥石流物源起动的临界雨量公式，从而根据渣石颗粒级配状况计算出起动的临界雨强。通过函数模型计算得到，在 50 年以上一遇的特大暴雨天气下，即降雨强度在 50mm/h 时，研究区处于矿渣型泥石流高发阶段。

6.2.4　泥石流监测预警

泥石流预警还可以通过安装报警器来实现。当泥石流发生后，触发了报警器，报警器发出预警指令，通知下游人员立即疏散撤离危险区。泥石流报警器种类较多，根据传感器是否接触泥石流流体划分，可分为两类：接触式报警器和非接触式报警器。

（1）接触式报警器的主要原理是通过预警仪器与泥石流直接接触时触动感应装置而发出警报，包括地下传感器、地下水位计、冲击力监测仪、断线报警器、泥石流体导通报警器、压力传感报警器等。泥石流发生前，物源区土体在降水及其他水体条件下物理性质会发生显著变化，如土体内总压力、孔隙水压力、土体含水量等，因此，可利用土压力计、孔隙水压力计、地下水位计、土体含水量传感器等能对地质体内土压力、孔压、含水量等进行实时量测，根据其物理量变化趋势进行泥石流预警，但由于需要埋设，传感器易被泥石流毁坏。断线报警器是根据泥石流接触钢索使其断裂，从而触发探测器内部感应装置而传出报警信号，可根据钢索位置对泥石流规模进行分级预警，其可靠性较高但对泥石流敏感性较差。冲击力监测仪则通过电阻应变片等测量泥石流冲击力大小，进而判断泥石流发生的规模，并发出不同级别预警信号，但该应变片易损坏，成本相对较高。

（2）非接触式报警器主要是根据监测仪器在不与泥石流（物源、水源、流体）直接接触的情况下获取泥石流影像、声音、泥位等信息，对泥石流是否发生进行判别后发布不同级别预警，包括天气雷达、红外视频监测仪、泥石流地声报警器、泥石流次声报警器、超声波泥位报警器等。在泥石流多发区域，气雷达可监视该区域上空的降雨云团分布、移动方向、移动速率，进而对区域泥石流进行预警，但该方法造价高且预警范围较大，往往对小流域降雨把握不准。红外视频监测仪通过录像、照相，实时、长距离（数千米）监测泥石流发生、运动的全过程，但监测数据量大且需专人值守。超声波泥位计则通过对设置断面（平直、规则，不易冲毁）实时监测，根据接收到的超声波时差分析泥石流深度（泥位）与预警临界值的关系，确定通过断面的泥石流规模大小，发出不同等级的泥石流预警信息。该仪器可靠且实用，但成本相对较高；在泥石流发生及运动过程中，会不断撞击沟岸向沟床方向传播一定频率（低频）的振动信号（地声），其强度与泥石流规模成正比，当接收振动信号超过预设阈值则进行预警。

随着全球定位技术的发展和普及，还可利用定位装置监测泥石流进行预报预警。高精度 GPS 位移监测仪也能对流域内测点位移量、方向、速率等进行直接量测，可根据测点位移量、位移速率大小进行预警，但由于其成本较高，目前主要应用灾害性较严重的泥石流沟道、坡面[94]。目前已有的泥石流报警系统还不够完善，存在种种技术问题，比较好的解决办法是通过人工监测与报警系统相结合进行监测和预警。

6.3 矿渣型泥石流的治理措施

6.3.1 开展矿区泥石流隐患沟调查评价工作

由于历史认识及管理理念的原因，我国山地矿山缺乏有效的地质环境防治工作。因此矿山存在着较为严重的泥石流灾害及其隐患。目前，部分安全隐患严重的矿区开始实施矿山泥石流调查评价工作，但并未在大多数矿区推广，制约了矿山泥石流主动预防工作。因此，尚需要系统性地选择和识别区域性泥石流高发的矿区，开展矿山泥石流隐患沟分布、规模、类型、危害的排查、调查评价，分析研究影响和控制矿山泥石流形成、发展的主要因素，为防灾减灾提供基础资料。

6.3.2 开展泥石流隐患矿区的成灾理论研究

选择不同触发条件的典型泥石流隐患矿区，开展矿渣型泥石流启动机理研究，研究矿渣堆如何起动及其成灾的临界条件、运动和堆积过程等，为矿山泥石流气象预测预报提供依据。对于严重威胁矿业生产及人居生态环境安全的重大矿山泥石流隐患沟，开展降雨预警预报工作。

6.3.3 合理规划矿渣堆排场所

选好固体废渣堆排场所，规范采矿废弃物的排放，减少固体废物成为泥石流物源。在具备矿山泥石流发生的山地地区，尽可能选择较为开阔平缓、位于历史河水高水位线之上的场地作为废渣堆排场地。如果地形条件所限，不可避免地将废石弃渣堆排在平硐硐口的斜坡上，或沟谷河道边，则必须事先修建废渣堆积场所的拦挡墙、导水渠，减少废石弃渣成为泥石流的物源，减少或消除形成泥石流的物源。

优化采矿方案，实施废石弃渣的减量化生产，或废石弃渣不出坑、少出坑，露天坑内排土工艺等。同时，因地制宜开展废石弃渣、选矿尾渣的资源化利用，如用于筑路、墙砖、地面砖等材料，在提高矿产资源综合利用和经济效益的同时，减少废石弃渣数量而达到减少矿山泥石流发生的物源。

6.3.4　矿渣型泥石流治理的工程措施

6.3.4.1　放坡工程

小秦岭金矿区各沟谷中、上游的高、陡渣堆，一般自然安息角为33°~45°，高度最大可达30余米，并且没有任何拦挡、稳定措施，在自然堆积状态下基本处于极限平衡状态，在其他因素的扰动作用下容易发生垮塌。因此对这些隐患渣堆应进行放坡处理，将渣堆边坡削减至25°左右，使其自然状态下呈稳定状态。

6.3.4.2　修筑支护工程

对于沟谷狭窄、没有足够空间放坡的地段，需要修建重力挡墙，稳固渣堆坡脚，同时将渣堆与行洪通道隔离开来，防止暴雨期间洪水对渣堆坡脚侵蚀，造成上部渣体失稳垮塌，固体物质进入河道与洪水混合形成水石流灾害。

6.3.4.3　优化渣堆颗粒级配

泥石流的起动主要是由细粒物质控制，细粒物质越多发生泥石流的危险性就越大，发生泥石流后产生的危害也较大。因此，在清理渣堆的过程中需要将渣石进行过筛分选，将细粒成分堆放至安全地段并加固，将粗粒物质堆积并固定。

6.3.4.4　清理疏通河道、修建排导渠

小秦岭金矿区沟道挤占严重，造成洪水排泄不畅。造成这

些的原因主要有：上游拦沟堆渣，完全堵塞河道；渣坡失稳垮塌，废石渣进入河道；洪水冲刷侵蚀渣堆坡脚，导致边坡失稳，废渣进入河道。因此需要清理占据河道、影响行洪的卡口的废石堆，疏通河道及停淤场。修建排导渠，减少山洪对废石弃渣堆的冲击作用。对于存在重大泥石流隐患的发生地点，因地制宜修建谷坊、网格坝、缝隙坝、重力坝等，防止矿山泥石流的发生。

7 结论与对策

7.1 主要结论

本书应用基本土工实验和水力学理论对小秦岭金矿区矿渣型泥石流起动临界雨强进行了探索性研究，得出如下主要结论。

（1）根据野外调查数据，研究区矿渣堆高度一般在5~15m，个别高达30m，渣堆自然安息角在30°~45°之间，无工程保护措施的渣堆占总数的65%，稳定性差、极差的渣堆占到总数的76%，渣堆大多处于临界失稳状态，调查工作中常见小型滑塌痕迹。渣堆中挤占1/3沟道的占16.22%，挤占1/2沟道的占13.24%，挤占2/3或堆满沟道的占58.37%，因此超过半数的渣堆严重影响山区沟道的行洪。

（2）基础土工实验表明，研究区矿渣型泥石流物源颗粒级配比较宽，以粗颗粒为主，P_5为78.19%~91.38%，而蒋家沟泥石流P_5为5%~15%，可见研究区泥石流物源比自然泥石流粗的多，尾矿砂和残坡积土颗粒级配狭窄，以中细砂~粉粒为主，但因其与矿渣堆相比量很小，不能作为主要物源；同时根据余斌提出的方法计算得到矿渣型泥石流的容重为1.65~1.70t/m^3，其性质属于水石流的范围。

（3）通过常水头渗透实验得出：采矿废渣在室温下（16℃左右）的渗透系数为0.94×10^{-1}~1.27×10^{-1}cm/s，尾矿砂在室温下的渗透系数为0.49×10^{-3}~1.37×10^{-3}cm/s，残坡积土在室温下的渗透系数为0.52×10^{-1}~0.56×10^{-1}cm/s。同时，测得采矿废渣、尾矿砂、残坡积土的平均孔隙率分别为42%、40%、19%，较大的孔隙度决定了采矿废渣具有比较大的渗透性能，在常见的降雨过程中，雨水通过渣堆孔隙很快渗流并排出，难以形成泥石流灾害。

（4）利用小流域洪水流量计算模型和河流泥沙动力学中的固体颗粒起动模型推导降雨雨强与某一粒径固体颗粒起动的函数关系。渣堆的起动临界雨强随着粒径的增大而增大，随着行洪宽度的减小而减小，因此粗粒物质比细粒物质较难起动，而在渣堆严重挤占河道，行洪通道狭窄的“卡口”地段，则临界雨量较小。根据全国雨力等值线图，在50年和100年一遇的特大暴雨情况下，大西岔沟会有50%的颗粒处于临界起动条件，就有可能形成矿渣型泥石流，从而揭示近年来在暴雨雨强均小于75mm/h时，矿区未见泥石流灾害的原因。

（5）综合以上研究结果，作者提出小秦岭金矿区矿渣型泥石流起动主要是特大暴雨下水力为主导因素的起动方式，其起动模式一是滑塌—堵塞—溃决型：山坡上、沟谷边的松散废渣堆在继续堆排、矿震或因降水等作用下失稳滑塌至沟底，或在特大暴雨洪流作用下，洪水掏蚀沟道边的废渣堆坡脚，造成渣堆失稳滑塌堵塞河道，在洪水水流作用下继续沿沟床流动而形成泥石流；在水动力不足时形成临时性的小的堰塞塘，在后续快速汇水作用下聚水而溃决，导致临时性废渣堆溃决形成更大的水动力而带动下游废渣堆起动形成泥石流。二是沟床直接起动型：在特大暴雨作用下，沟谷汇水形成的强大洪流铲蚀沟中废渣，从上游向下游运动过程中不断卷入沿途废渣，形成能量不断加大的泥石流。

7.2　主要防治对策

（1）小秦岭金矿区矿渣型泥石流形成机理及成灾模式表明，看似危险性低的泥石流隐患沟曾发生过致灾严重的泥石流灾害，而看似危险的矿渣型泥石流隐患沟，却没有发生泥石流，极端降雨是解释这一现象的关键性因素，因此，要重视极端降雨条件下泥石流形成、运动及成灾模式的研究。解决这一问题需要在山地矿区建立自控性的雨量观测点，实施暴雨预警预报。

（2）要重新重视具有一定汇水面积和物源堆积量的沟谷的泥石流沟危险性评估工作。矿山在规划设计建筑物及人员居住场所时，一定要搬迁避让行洪通道和沟口堆积扇区。

（3）对于矿渣型泥石流隐患沟应采取拦渣固堆、栏栅挡墙预留排水孔等工程措施，减少沟道洪水淘蚀、侧蚀导致废渣堆垮塌堵塞沟道，形成溃决型泥石流，尽量避免拦沟修建重力坝“零存整取”导致的灾害放大效应的工程措施。

（4）积极开展沟道内采矿渣堆的废物综合利用工作，将采矿废石用于建筑骨料、公路填料，探索尾矿砂无害化制砖工艺。最大限度地减少沟道内采矿废渣的堆积量，从源头上削减泥石流物源，减小泥石流发生的规模。

参 考 文 献

[1] 费祥俊，舒安平．泥石流运动机理与灾害防治［M］．北京：高等教育出版社，2004：12~13.

[2] 中共中央马克思、恩格斯、列宁、斯大林著作编译局．马克思、恩格斯选集（第三卷）［M］．北京：人民出版社，1995：517~518.

[3] 弗莱施曼 C M. 泥石流及其散布区的道路建设［M］．北京：人民铁道出版社，1957.

[4] 维利康诺夫 M A. 泥石流及其防止法［M］．北京：科学出版社，1963.

[5] Negel A Skermer, Dougles F VanDine. Debris Flow in History [J]. Debris-Flows Harzards and Related Phenomena, 2005: 25~51.

[6] Tamotsu Takahashi. Debris Flow Mechanics, predection and Countermeasures [M]. London, UK: Taylor & Francis Group, 2007: 103~123.

[7] Coe J A, Kinner D A, Godt J W. Initiation Conditions for Debris Flows Generated by Runoff at Chalk Cliffs, Central Colorado [J]. Geomorphology, 2008: 270~297.

[8] Tognacca C, Bezzola G R. Debris Flow Initiation by Channel-bed Failure [C]// 1st International Conference on Debris Flow Hazards Mitigation- Mechanics, Prediction, and Assessment, San Francisco, 1997.

[9] Gregoretti C, Dalla Fontana G. The Triggering of Debris Flow Due to Channel-bed Failure in Some Alpine Headwater Basins of the Dolomites: Analyses of Critical Runoff [J]. Hydrological Processes, 2007: 2248~2263.

[10] Berti M, Simoni A. Experimental Evidences and Numerical Modelling of Debris Flow Initiated by Channel Runoff [J]. Landslide, 2005: 171~182.

[11] 康志诚，李焯芬，马蔼乃，等．中国泥石流研究［M］．北京：科学出版社，2004.

[12] 唐邦兴．中国泥石流［M］．北京：商务印书馆，2000.

[13] 崔鹏，柳素清，唐邦兴，等．风景区泥石流研究与防治［M］．北京：科学出版社，2005.

[14] 李昭淑．陕西省泥石流灾害与防治 [M]. 西安：西安地图出版社，2002：112~117.

[15] 刘希林，唐川．泥石流危险性评价 [M]. 北京：科学出版社，1995.

[16] 王裕宜，严璧玉，詹钱灯．泥石流体结构和流变特性 [M]. 长沙：湖南科学技术出版社，2001.

[17] 王礼先，于志民．山洪及泥石流灾害预报 [M]. 北京：中国林业出版社，2001.

[18] 罗元华，陈崇希．泥石流堆积数值模拟及泥石流灾害风险评估方法 [M]. 北京：地质出版社，2000.

[19] 王继康，黄荣鉴，丁秀燕．泥石流防治工程技术 [M]. 北京：中国铁道出版社，1996.

[20] 钱宁．高含沙水流运动 [M]. 北京：清华大学出版社，1989：155~160.

[21] 徐友宁，何芳，张江华，等．矿山泥石流特点及其防灾减灾对策 [J]. 山地学报，2010.

[22] 谢洪，游勇，钟敦伦．长江上游一场典型的人为泥石流 [J]. 山地研究，1994，12（2）：125~128.

[23] 李昭淑．陕西潼关金矿区'94 人工泥石流灾害研究 [J]. 灾害学，1995，10（3）：51~56.

[24] 钟敦伦，严润群，陈金日．初论矿山泥石流 [C] // 泥石流论文集（1）．重庆：科学技术文献出版社重庆分社，1981：43~49.

[25] Natural Resources Canada. Geoscape Canada [EB/OL]. http: // geoscape. nrcan. gc. ca. 2008-01-03.

[26] ONE News. Mining Plans Could Place Thames at Risk [EB/OL]. http: // tvnz. co. nz, 2010-3-14.

[27] McSaveney M J, Betham R D. The Potential For Debris Flows from Daraka Stream at Thames [R]. GNS Science, 2006.

[28] Hungr O, Dawson R, Kent A, et. al. Rapid flow slides of coal mine waste in British Columbia, Canada, in: Catastrophic landslides: Effects, occurrence and mechanisms: Boulder, Colorado, edited by: Evans S G. and DeGraff J V. Geological Society of America Reviews in Engineering Geolo-

gy, 2002, 15: 191~208.

[29] Lucia P C, Duncan J M, Seed H B. Summary of Research on Case Histories of Flow Failues of Mine Tailings Impoundments [J]. Information Circular No. 8857: 46~53.

[30] 中国科学院甘肃冰川冻土沙漠研究所. 泥石流 [M]. 北京: 科学出版社, 1973.

[31] 王文龙, 张平仓, 高学田. 神府东胜矿区一、二期工程与人为泥石流 [J]. 水土保持研究, 1994 (1): 54~59.

[32] 李国元. 海南铁矿排土场泥石流的形成与防治 [C]//全国泥石流防治经验交流会论文集. 重庆: 科学技术文献出版社重庆分社, 1983: 54~56.

[33] 王景荣, 蔡祥兴. 宁夏西北轴承厂厂区泥石流防治 [C]//全国泥石流防治经验交流会论文集. 重庆: 科学技术文献出版社重庆分社, 1983: 54~56.

[34] 冠玉贞. 盐井沟流域内堆积物的黏土矿物分析 [J]. 山地研究, 1990 (2): 130~136.

[35] 罗德富. 成昆铁路盐井沟泥石流特征及防治意见 [J]. 铁道工程学报, 1986 (4): 172~175.

[36] 唐邦兴, 柳素清. 成昆铁路盐井沟矿山泥石流的初步分析 [C]//泥石流学术讨论会兰州会议论文集. 成都: 四川科技技术出版社, 1986: 107~113.

[37] 周国良. 大格排土场滑坡泥石流的教训 [J]. 水土保持通报, 1985 (1): 62~64.

[38] 陈循兼. 论生态环境的破坏与泥石流活动 [C]//全国泥石流防治经验交流会论文集. 重庆: 科学技术文献出版社重庆分社, 1983: 144~146.

[39] 徐友宁, 曹琰波, 张江华, 等. 基于人工模拟试验的小秦岭金矿区矿渣型泥石流起动研究 [J]. 岩石力学与工程学报, 2009 (7) 28: 1388~1395.

[40] 唐克丽, 张丽萍. 矿山泥石流 [M]. 北京: 地质出版社, 2001: 11~12.

[41] 徐友宁，何芳．西北地区矿山泥石流分布及特点［J］．山地学报，2007，25（6）：729~736.

[42] 刘世建，谢洪，韦方强，等．小秦岭金矿区人为泥石流［J］．山地研究，1996，14（4）：259~263.

[43] Adrian Stolz，Christian Huggel. Debris Flows in the Swiss National Park：the Influence of Different Flow Models and Varying DEM Grid Size on Modeling Results［J］. Landslides，2008，5：311~319.

[44] Liao Chaolin，He Yurong. Fractal Characteristic of Soil in Typical Debris Flow-Triggering Region：A Case Study in Jiangjia Ravine of Dongchuan，Yunnan［J］. Wuhan University Journal of Natural Sciences，2006，11（4）：859~864.

[45] 徐友宁，李育敬，张江华，等．潼关县地质灾害防治规划（2006~2015）［R］．潼关：潼关县矿产资源管理局，2006.

[46] 灵宝市地质矿产局．灵宝市地质灾害防治规划（2005—2015）［R］．［S. l.：s. n.］，2005.

[47] 灵宝市地质矿产局．灵宝市矿山环境恢复与治理规划（2006—2015）［R］．［S. l.：s. n.］，2006.

[48] 潼关县矿管局．潼关县矿产资源规划（2001—2005 年）［R］．潼关：潼关县矿产资源管理局，2004.

[49] 杨敏，徐冬寅，乔彦军，等．Spot5 遥感图像数据在矿山地质环境调查中的应用研究［J］．黄金，2010，31（1）：51~55.

[50] 郭庆国．粗粒土的工程特性及应用［M］．郑州：黄河水利出版社，1998：15~16.

[51] 灵宝市林业局．灵宝市林业生态市建设规划（2008—2012 年）［R］．灵宝：灵宝市政府，2007.

[52] 邢永强．小秦岭地区泥石流发生趋势研究［J］．中国水土保持，2007（8）：20~22.

[53] 徐友宁，陈社斌，何芳，等．潼关金矿区矿渣型泥石流灾害及防治对策［J］．山地学报，2006，24（6）：667~671.

[54] 梁晓玲．潼关矿区大西岔沟矿渣泥石流的危险度评价与防治工程研究［D］．西安：长安大学，2008.

[55] 西安地质矿产研究所．陕西潼关金矿区环境地质问题专题调查成果报告 [R]. 西安：西安地质矿产研究所，2008.

[56] 徐友宁，陈社斌，李育敬，等．陕西潼关金矿区泥石流潜势度评价 [J]. 水文地质工程地质，2006，33 (2)：89~92.

[57] 崔鹏．泥石流起动机理的研究 [D]. 北京：北京林业大学，1990.

[58] 徐富强．滑坡转化成泥石流的流态化研究 [D]. 成都：西南交通大学，2003.

[59] 陈仲颐，周景星，王洪瑾．土力学 [M]. 北京：清华大学出版社，1994：5~7.

[60] 余斌．稀性泥石流容重计算的改进方法 [J]. 山地学报，2009，27 (1)：70~75.

[61] 屈智炯，何昌荣，刘双光．新型石渣坝——粗粒土筑坝的理论与实践 [M]. 北京：中国水利水电出版社，2002：10~70.

[62] 陈宁生，张军．泥石流源区弱固结砾石土的渗透规律 [J]. 山地学报，2001，19 (1)：169~171.

[63] 王勇．堆石料渗透特性试验研究 [D]. 南京：河海大学，2006.

[64] 南京水利科学研究院．SL237—1999 土工试验规程 [S]. 沈阳：辽宁民族出版社，1999.

[65] 陈华清，徐友宁，张江华，等．小秦岭大湖峪矿渣型泥石流的物源特征及其危险度评价 [J]. 地质通报，2008，27 (8)：1292~1298.

[66] Horton R E. Surface Runoff Phenomena [M]. Horton Hydrology Laboratory Publication，1935，73：101.

[67] Hewlett J D, et al. Moisture and Energy Conditions within a Sloping Soil Mass During Drainge [J]. Geophysical Research，1963，68 (4)：1081~1087.

[68] 芮孝芳．产汇流理论 [M]. 北京：水利水电出版社，1995.

[69] Kirkby M J. Hillslope Hydrology [M]. John Wiley and Sons，1978：389.

[70] Philip J R. Hillslope infiltration：Planerslope [J]. Water Resource Res，1991，27 (6)：1035~1048.

[71] 张兴昌，刘国彬，付会芳．不同植被覆盖度对流域氮素径流流失的影响 [J]. 环境科学，2000 (6)：16~19.

[72] 杨学震．影响坡地径流的若干因子与径流量的数量化回归分析 [J]. 福建水土保持，1996 (4)：37~41.

[73] 顾新庆，于增彦，越海玉，等．不同治理措施对坡面径流和泥沙量的影响 [J]. 河北林业科技，1994 (3)：21~22.

[74] 高冬光．桥涵水文 [M]. 北京：人民交通出版社，2005：76~87.

[75] 水利部长江水利委员会长江勘测规划设计研究院．SL319—2005 混凝土重力坝设计规范 [S]. 北京：电子工业出版社，2005.

[76] 谢鉴衡，陈媛儿．非均匀沙起动规律初探 [J]. 武汉水利电力学院学报，1988 (3)：28~37.

[77] 张瑞瑾．河流泥沙动力学 [M]. 北京：中国水利水电出版社，1989：63~84.

[78] 李荣，李义天，王迎春．非均匀沙起动规律研究 [J]. 泥沙研究，1999，(1)：27~32.

[79] 刘兴年，等．卵石河道宽级配推移质输移特性研究 [C] //第二届全国泥沙基本理论研究学术讨论会论文集．北京：中国建材工业出版社，1995.

[80] 培什金．河道整治 [M]. 谢鉴衡，胡孝渊译．北京：中国工业出版社，1965.

[81] 赵洪．某矿山排土场泥石流形成机理及其防治对策研究 [D]. 昆明：昆明理工大学，2008.

[82] 钟敦伦，谢洪．泥石流灾害及防治技术 [M]. 成都：四川科学技术出版社，2014.

[83] 弗莱施曼 C M. 泥石流 [M]. 姚德基．北京：科学出版社，1986.

[84] 谭万沛，王成华，姚令侃，等．暴雨泥石流滑坡的区域预测与预报 [M]. 成都：四川科学技术出版社，1994.

[85] 谭万沛．中国暴雨泥石流预报研究基本理论与现状 [J]. 土壤侵蚀与水土保持学报，1996，2 (1)：88~95.

[86] 谭炳炎．泥石流沟严重程度的数量化综合评判 [J]. 水土保持通报，1986，6 (1)：51~57.

[87] 钟敦伦，谢洪，等．四川境内成昆铁路泥石流预测预报研究 [J]. 山地研究，1990，8 (2)：82~88.

[88] 鲁小兵，李德基. 基于神经网络的泥石流预测 [J]. 自然灾害学报，1996，5（3）：47~50.

[89] 罗晓梅. GIS 技术在暴雨泥石流减灾预报中的运用 [J]. 山地学报，1998，16（1）：73~76.

[90] 姚令侃. 模糊相似选择在确定泥石流沟危险雨情区上的应用 [J]. 水土保持学报，1986，6（6）：21~29.

[91] 姚令侃. 用泥石流发生频率及暴雨频率推求临界雨量的探讨 [J]. 水土保持学报，1988，2（4）：72~77.

[92] 谭炳炎，段爱英. 山区铁路沿线暴雨泥石流预报的研究 [J]. 自然灾害学报，1995，4（2）：43~52.

[93] 魏永明，谢又予. 降雨型泥石流（水石流）预报模型研究 [J]. 自然灾害学报，1997，6（4）：48~50.

[94] 杨顺，潘华利，王钧，等. 泥石流监测预警研究现状综述 [J]. 灾害学，2014，29（1）：150~156.